ておけば，あとの応用，開発，研究など必要な専門知識は社会に出てからでも各自で学ぶことに躊躇しないで済むと確信しています．その意味でも本ライブラリが基礎を身につけるには最適なテキストであり，学生諸君が熟読し理解を深められ，将来に向けての研究，技術開発の手助けとなれば幸いです．

2022 年 1 月

編者　辻　幹男
出口博之

「電気・電子工学テキストライブラリ」書目一覧

電気電子基礎・専門

1　電気電子工学入門
2　電気回路
3　電気磁気学
4　振動と波動
5　電気電子数学基礎
6　電気電子計測
7　電気電子材料
8　アナログ電子回路

電気工学

1　過渡現象論
2　電気エネルギー工学
3　電気機器学
4　制御工学
5　パワーエレクトロニクス
6　電力システム工学
7　高電圧工学概論

電子工学

1　通信工学のための信号処理
2　電子デバイス
3　伝送線路論
4　電磁波工学
5　光エレクトロニクス

別巻 1　電気回路演習
別巻 2　演習で学ぶ 電気磁気学
別巻 3　制御工学演習

まえがき

わが国の50万V送電は，房総線において1973年に開始された．1982年には100万V送電系統も完成し（現在は50万Vで運転），2009年にはこれが国際電気標準会議（IEC）の標準電圧となるなど，わが国の電力技術は国際的に見ても最先端を走り続けている．

高電圧工学は，電力を発電して送電を経て消費地においてエネルギーに変換する際に必要な絶縁技術の向上とともに発展してきた学問である．またその適用範囲は電力工学のみならず環境や医療分野，さらには宇宙工学へとたいへんに広い．

しかしながら最近は高電圧工学を専門に教える大学の研究室は減少の一途をたどっている．電力工学の一部として，もしくは電気回路や電気磁気学の応用分野的に取り扱われることも少なくない．

本書は初学者から大学院生ならびに若手技術者向けの高電圧工学のテキストとして執筆したものである．そのために，演習問題や図を多用するとともに，できるだけ身近なものを使って実験を行い，高電圧の現象が体感できるようにした．さらには，コンピュータを使って，高電圧に関する計算を行うための基礎的なプログラムから，実際の波形解析を行うための実用的なプログラムを示した．これによって波形解析に対する垣根が低くなり，多くの技術者が気軽に波形解析できるようになることを期待している．

2023年5月

脇本隆之

目　次

第3章

液体放電

第4章

固　体　放　電　36

第5章

絶　縁　破　壊　42

第6章

雷過電圧　52

第7章

交流および直流高電圧の発生　63

第12章

ディジタル測定波形の処理法　142

第13章

絶縁耐力試験　165

第1章

概　　説

1.1　静電界のおさらい

本書を開く初学者のみなさんは，おそらくは1～2年前に電気磁気学を履修しているのではないでしょうか．また院生や若手技術者の皆さんにとっては，大学で学んだ基礎知識が自分の研究や業務に大いに役立っていることを感じているのではないでしょうか．高電圧工学は電気回路はもちろんのこと，電気磁気学の基礎的な知識が必要になる学問です．高電圧に関する学習を始める前に静電界について簡単な復習を行ってみましょう．

大きさが $\boldsymbol{E}$ [V/m] の電界中に q [C] に帯電した電荷があるとき，その電界にはたらく力の大きさ $\boldsymbol{F}$ [N] は

$$\boldsymbol{F} = q\boldsymbol{E} \tag{1.1}$$

で表せます．また，電界内の点 A から点 B まで正電荷 q を動かすために必要となる仕事 W の大きさは

$$W = -\int_{\mathrm{A}}^{\mathrm{B}} q\boldsymbol{E}\cdot dS = qV \tag{1.2}$$

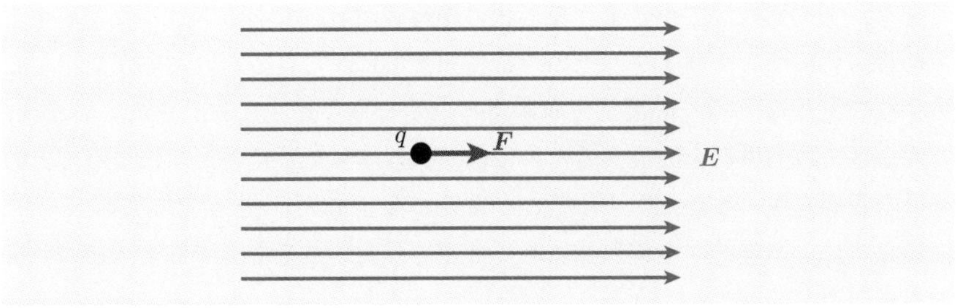

図 1.1　電界中の電荷にはたらく力

で表すことができます．なおここで V は，B の A に対する電位または B と A の電位差です．

いま，xyz の 3 次元空間において，電界 $\boldsymbol{E}$ と電位 V の関係は

$$\boldsymbol{E} = -\mathrm{grad}\,V = \left(-\frac{\partial V}{\partial x}, -\frac{\partial V}{\partial y}, -\frac{\partial V}{\partial z}\right) \tag{1.3}$$

で表されます．さらに電荷密度 ρ なる任意の点の電界の強さは，真空の誘電率を ε_0 とすると，

$$\mathrm{div}\,\boldsymbol{E} = \frac{\rho}{\varepsilon_0} \tag{1.4}$$

で表すことができます．

つぎに，電気力線とは，電界の方向を示す曲線のことであり，電界の強さは電気力線の密度によって表すことができます．電気力線の密度は，真空中において単位電荷あたり $\frac{1}{\varepsilon_0}$ であって，いま，電界の大きさが E [Wb/m] であるとき，単位面積あたり E 本の電気力線が描かれます．電気力線は電荷表面に垂直方向に正電荷から負電荷に向かって延びていて，電界の方向は電気力線の接線で表されます．

また，等電位面は電界内における電位 V が等しい部位を示す面であり，これを平面に表したものを等電位線といいます．$\boldsymbol{E}$ と電位 V の関係は，上にも示したように $\boldsymbol{E} = -\mathrm{grad}\,V$ であるため，電気力線と等電位面は直交することがわかります．さらにベクトルの方向は電位が減少するほうに向きます．

1.2 各種電極形状による電界

電界が 1 点に集中するような場合には，ひび割れのような絶縁破壊痕跡であるクラックや樹枝が広がるような形状の絶縁破壊痕跡であるトリーなどが生じて絶縁劣化につながります．そのため電力機器は，できるだけ電界が集中しないように，そして均一な電位分布が得られるような形状に設計されています．したがって電力機器を設計するためには，機器本体や電極の形状によってどのような電界が生じるか把握することが重要になります．

ここでは，基本的な電極形状における電界の大きさを計算する方法についておさらいをしてみましょう．

1.2.1　平行平板電極

面積 S，間隔 d で $S \gg d$ の関係を持つ 2 つの平行平板電極があり，その電極中央間には平等電界が得られます．いま，一方の平板電極に Q [C] の電荷が，また対向する平板電極に $-Q$ [C] の電荷がそれぞれ一様に分布しているとするとき，平行平板間の電界の強さ E は

$$E = \frac{1}{\varepsilon_0} \cdot \frac{Q}{S} \text{ [V/m]} \tag{1.5}$$

となります．

実際の電力機器では有限長の電極であるため，必ず端が存在します．この端部に電界が集中することとなるため，コロナ放電などの不正放電が生ずる原因となります．

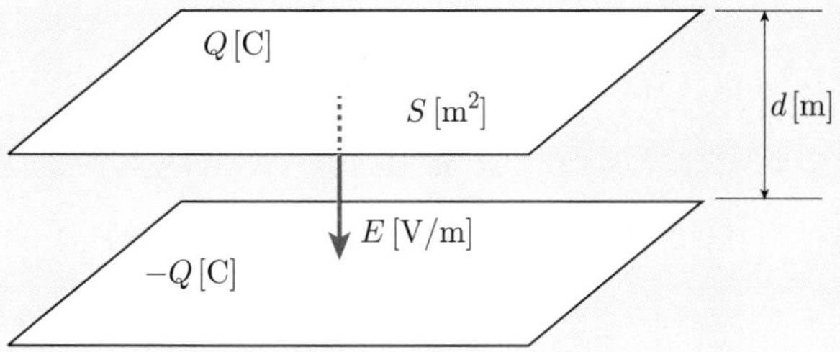

図 1.2　平行平板電極

1.2.2　球 対 球 電 極

球対球電極は，その離隔距離（ギャップ長）が小さい場合，球の中心線を結ぶ領域ではほぼ平等電界が得られます．これは準平等電界と呼ばれますが，この準平等電界中ではギャップ長に対する放電電圧は一意に決定することができます．

標準球ギャップはその特性を利用して高電圧を直接測定する装置で，その測定の不確かさは規格（IEC 60052）によって ±3% であると定められています．

標準球ギャップでは，対抗する一方の球を接地して使用しますが，いま直径 R [m] の標準球ギャップをギャップ長 d [m] 離して電圧 V [V] を印加し，もう一方の球を接地する状況を考えます．

電界の大きさは球を結ぶ中心線上の非接地球表面上が最大となりますが，その大きさ E_{m} は

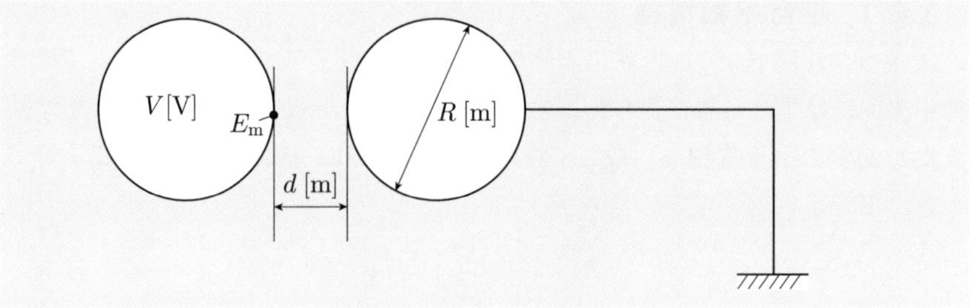

図 1.3 球対球電極

$$E_{\mathrm{m}} = \frac{V}{d}\eta\ [\mathrm{V/m}] \tag{1.6}$$

で表されます．なお，ここで η は球直径とギャップ長の比から得られる係数であり，$x = \frac{d}{R}$ とおくとき，

$$\eta = -0.0096x^5 + 0.1157x^4 - 0.5374x^3 + 1.2187x^2 + 0.5443x + 0.999 \tag{1.7}$$

から計算されます．なお，球の一方を接地しない場合の η の値は

$$\eta = -0.0003x^5 + 0.0055x^4 - 0.0402x^3 + 0.1558x^2 + 0.6482x + 1.0011 \tag{1.8}$$

から計算されます．なお，これらの η の値は，およそ $0 < \frac{d}{R} < 5$ の範囲で成立します．

1.2.3 同軸円筒電極

電力の伝送は，架空送電線および地中ケーブルを介して行われます．地中ケーブルや伝送中に用いられるブッシングやガス絶縁開閉装置（GIS）などのタンクは円筒状構造をしていて，その内部に電力線が配置されています．

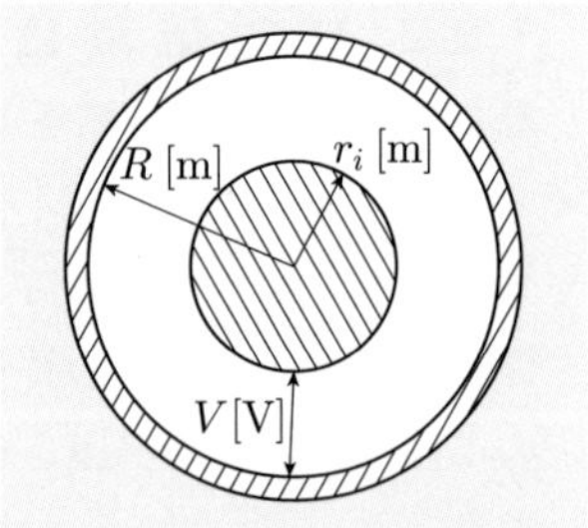

図 1.4 同軸円筒電極

いま，図 1.4 のような無限長の同軸円筒電極を考えます．中心電極の半径を r_i [m]，外部電極の半径を R [m] として，電極間に電圧 V [V] を印加するとき，中心からの距離 r [m] における点の電界の強さ E は

$$E = \frac{V}{r\ln\left(\frac{R}{r_i}\right)}\ [\mathrm{V/m}] \tag{1.9}$$

で求められます．

1.2.4　平行円筒電極

図 1.5 のように半径 r [m] の無限長円筒が中心間距離 l [m] で平行に配置されているとき，2 つの円筒の中心を通る平面において，電極表面から x [m] の距離にある点の電界の強さ E は

$$E = \frac{V\sqrt{l^2 - 4r^2}}{2((r-x)(l-2r) - x^2)\ln\left(\frac{l}{2r} + \sqrt{(\frac{l}{2r})^2 - 1}\right)}\ [\mathrm{V/m}] \qquad (1.10)$$

で求められます．

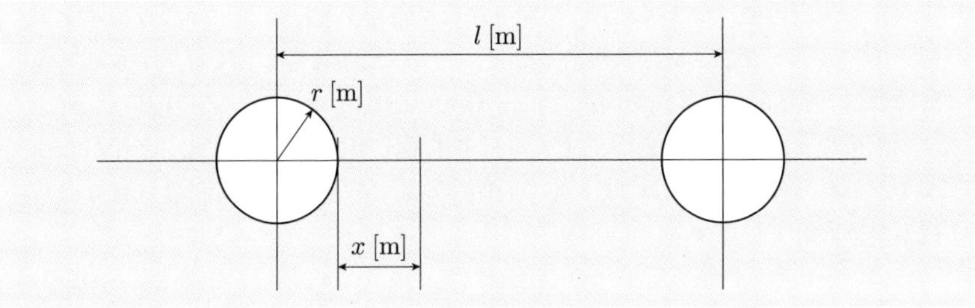

図 1.5　平行円筒電極

1.2.5　球平板電極

図 1.6 のように無限遠平面電極から d [m] の位置に直径 R [m] の球がおかれており，電極間に電圧 V [V] を印加することを考えるとき，この状況は球対球電極において，球の一方を接地せずに中央に平面導体を挿入した場合と等価であると考えられます．つまり，電界の強さの最大値 E は

$$E = \frac{V}{d}\eta\ [\mathrm{V/m}] \qquad (1.11)$$

で求められることになります．

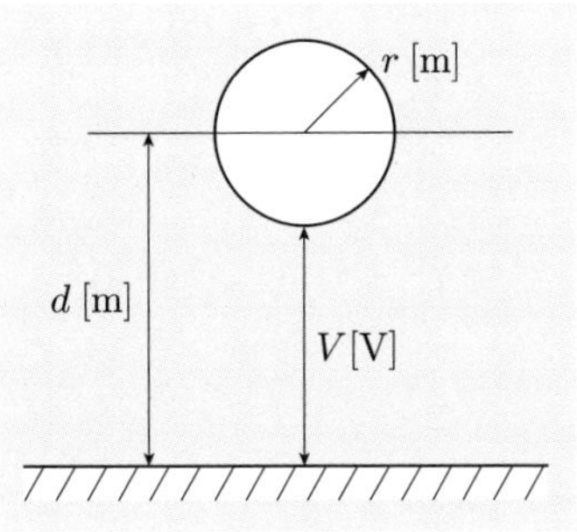

図 1.6　球平板電極

コラム 【各種規格の基礎知識】

本書には様々な規格が登場します．ここでいう規格は工業製品に対する標準的な寸法や仕様ならびに試験法について取り決め，文書化したものをいいます．貿易を伴う場合には国際規格に，また国内だけでの流通を想定している場合には国内規格に従って製品を製造し試験を実施なければなりません．

国際規格には国際標準化機構（International Organization for Standardization）が制定するISO規格が国際的な標準を作成しています．ISOは日本では「アイエスオー」アメリカでは「アイソ」ヨーロッパでは「イソ」と呼ばれています．また電気電子技術分野の国際規格としては国際電気標準会議（International Electrotechnical Commission）が作成するIEC（アイイーシー）規格があります．また国内規格には1949年に制定された産業標準化法に基づいた日本産業規格（JIS（ジス）規格）が国家規格として，さらに民間規格として電気学会電気規格調査会（Japanese Electrotechnical Committee）が規定するJEC（ジェック）規格や日本電機工業会が規定する日本電機工業会規格（JEM）などがあります．これらの国内規格は11.3節で説明するように国際規格に整合させる取り組みが行われています．

このほかにも米国電気電子学会（IEEE（アイトリプルイー））が規定するIEEE規格や欧州電気標準化委員会CENELEC（セネレック）が規定するCEN規格などの規格も国際規格に整合化されています．

また高電圧試験に対する規格には**表13.2**に示すような規格が制定されています．さらに，11.3節で述べる試験所認定制度や品質マネジメントシステムなどに対する規格もISOが規格化していてJIS規格などの国内規格が整合化しています．

第2章

気　体　放　電

電極間に高電圧を印加したときに電極間に大電流が流れ，絶縁が破壊される現象のことを放電現象といいます．電極間の絶縁物が気体の場合には気体放電，液体の場合には液体放電，そして固体の場合には固体放電と呼んで区別します．本章では放電に関する基本事項ならびに気体中における放電現象について学びます．

2.1　気　体　分　子

2.1.1　気体分子の性質

原子の構成は原子核と電子の組合せからなっていて，原子核は原子番号に等しい数の陽子および中性子とで構成されています．そして陽子数と中性子数の和は原子量と呼ばれていて，原子の性質を決める上で重要な値を示しています．さらに原子核には核外原子として原子番号に等しい数の電子を有しています．

物質は，原子の結び付き方によって様々な状態を表すことが可能です．結び付きが弱い場合には他の状態にある分子と比較して，分子間の距離が大きく，ランダムな熱運動によって空間を自由に動くことができます．またこのような性質を持つ物質は圧力と体積が容易に変化する流体として存在します．このような性質を圧縮性と呼びますが，圧縮性を持つ流体は気体と呼ばれます．

気体を構成する分子にはその結合の仕方によって**単原子分子**（He，Ne，Arなどの不活性気体），**2 原子分子**（H_2，N_2，O_2）および **3 原子分子**（H_2O）などに分類されます．運動している分子は，時々他の分子と衝突することがありますが，大きな分子ほど衝突頻度（**衝突断面積**）は大きくなります．

2.1.2　状 態 方 程 式

いま，V [m^3] の密閉空間において，1 kg の気体分子が閉じ込められている状態を考えましょう．気体の絶対温度を T [K]，空間中の圧力を p [N/m^2] とする

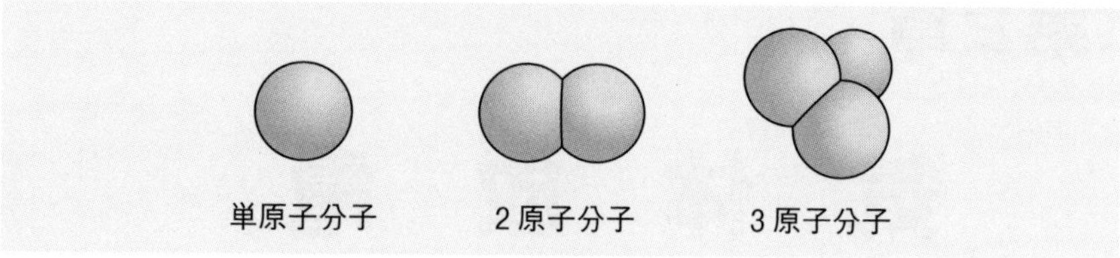

図 2.1　気体分子の構造

場合，これらの関係は

$$pV = RT \tag{2.1}$$

で表すことができます．この式は 1 kg に対する**状態方程式**と呼ばれます．ここで R は気体定数（$= 8.41434 \times 10^3$ [J/kmol · K]）を表します．

また，アボガドロ定数 N_{A} およびボルツマン定数 k を用いると，式 (2.1) は

$$pV = N_{\mathrm{A}} kT \tag{2.2}$$

で表すことができます．

さらに，気体の分子密度を n [個/m^3] とおくと，n は $n = \frac{N_{\mathrm{A}}}{V}$ で表すことができるため，式 (2.2) は

$$p = nkT \tag{2.3}$$

となります．さらに気体分子の質量が m [kg] の場合には，M を気体の分子量とするとき，

$$pV = \frac{m}{M} RT \tag{2.4}$$

で表すことができます．

2.1.3　マクスウェルの速度分布則

熱平衡下にある気体の分子はその大きさが数 Å（1 Å $= 10^{-10}$ m）で，0°C，1 気圧のときの分子数は 2.69×10^{25}/m^3（$= 6.023 \times 10^{23}$/22.4 L）です．また分子は様々な速度で連続的なランダム運動をしていて，その運動の最もとりうる速度としては，全分子数を n，速度が v と $v + dv$ の間に入る分子数を $nF\,dv$ とすると，次式に示す**マクスウェルの速度分布則**で与えられます．

$$F(v^2) = 4\pi n \left(\frac{m}{2\pi kT} \right)^{\frac{3}{2}} \exp\left(\frac{-mv^2}{2kT} \right) \tag{2.5}$$

また，平均速度 v は次式で表せます．

$$\begin{aligned} v &= \sqrt{\frac{8kT}{\pi m}} = 1.13 v_m \\ &= \sqrt{\frac{8kT}{\pi \frac{M}{N_0}}} = 145.4\sqrt{\frac{T}{M}} \end{aligned} \tag{2.6}$$

さらに，その運動エネルギーは絶対温度に比例して，次式で表すことができます．

$$E_k = \frac{1}{2}mv^2 = \frac{3}{2}kT \tag{2.7}$$

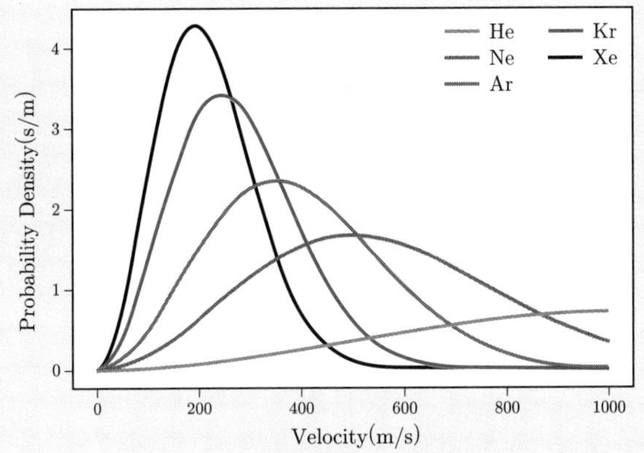

図 2.2 マクスウェルの速度分布

図 2.2 は以下の Python プログラムから得ることができます．

```
import numpy as np
import matplotlib.pyplot as plt

#密度関数 (Probability Density)
def PD(a,v):
    na=6.02*10**23      #アボガドロ係数
    m=a/1000/na         #分子質量
    k=1.380649*10**-23 #ボルツマン定数
    T=300.0             #絶対温度
    a=np.sqrt(k*T/m)
    return np.sqrt(2/np.pi)*(1/a**3)*v**2*np.exp(-v**2/(2*a**2))*1000

#主な気体の質量
Gas=['He','Ne','Ar','Kr','Xe']
AM=[4.003,20.183,39.948,83.8,131.3]

plt.xlabel('velocity [m/s]')
plt.ylabel('Probability Density [s/m]')

```

```
for i in range(0,5):
    fv=[]
    v=[]
    for j in range(0,1000):
        fv.append(PD(AM[i],j))
        v.append(j)
    plt.plot(v, fv,label=Gas[i])
plt.legend(frameon=False,ncol=2)
plt.show()
```

プログラムはつぎのQRコードからダウンロードできます．

2.1.4 平均自由行程

上記で述べたように，いろいろな速度で移動する気体分子は，移動過程で他の分子と衝突をすることがあります．これは分子半径，分子密度ともに大きければ大きいほどその確率は高くなります．いま，ある気体分子を球であると仮定して，その半径が r であるとするとき，2つの分子が衝突するときの最大の断面積 Q は

$$Q = 4\pi r^2 \tag{2.8}$$

で表すことができます．この値を**衝突断面積**と呼びます．衝突する分子が異なる場合，つまり2つの分子の半径が異なる場合，その半径を r_1 および r_2 とするとき，衝突断面積 Q_{12} は

$$Q_{12} = \pi(r_1 + r_2)^2 \tag{2.9}$$

で求めることができます．

また，気体分子同士が衝突する頻度 ν [回/s] は，以下の式で表されます．

$$\nu = Q\sqrt{2}\,vn \tag{2.10}$$

運動している分子が衝突しないで移動できる平均距離を**平均自由行程**といいます．平均自由行程は λ で表し，平均速度 v を衝突頻度 ν で除した値で求められますが，いま，1気圧，20°Cの状態にある窒素ガスについて考えてみましょう．N_2 ガスの分子量を28，分子半径を 187.5×10^{-12} m とすると，分子密度（個/m^3）は，式(2.3)から，

$$n = \frac{p}{kT} = \frac{1.0133 \times 10^5}{1.38062 \times 10^{-23} \times (273.16 + 20)} \\ = 2.50 \times 10^{25} \tag{2.11}$$

が得られます．つぎに平均速度は，式 (2.6) から

$$v = 145.4\sqrt{\frac{T}{M}} = 145.4\sqrt{\frac{293.16}{28}} \\ = 470.5\ \mathrm{m/s} \tag{2.12}$$

のようになります．つぎに衝突断面積 Q は，式 (2.8) に代入して，

$$Q = 4\pi r^2 = 4\pi \times (1.88 \times 10^{-10})^2 \\ = 4.44 \times 10^{-19} \tag{2.13}$$

が得られます．そして衝突頻度は式 (2.10) から，

$$\nu = Q\sqrt{2}\,vn \\ = 4.44 \times 10^{-19} \times \sqrt{2} \times 470.5 \times 2.50 \times 10^{25} \\ = 7.38 \times 10^9 \tag{2.14}$$

となります．

平均自由行程 λ_g は $\frac{v}{\nu}$ から得られるため，

$$\lambda_\mathrm{g} = \frac{v}{\nu} = \frac{470}{7.38 \times 10^9} = 6.37 \times 10^{-8}\ \mathrm{m} \tag{2.15}$$

と求められます．

同一気体分子の場合の平均自由行程 λ_g は，分子半径を r，分子密度を n とすると次式で表せます．

$$\lambda_\mathrm{g} = \frac{1}{4\sqrt{2}\,\pi r^2 n} \tag{2.16}$$

また，気体分子中にある電子の平均自由行程 λ_e は，分子半径を r_g，分子密度を n_g とすると次式で表せます．

$$\lambda_\mathrm{e} = \frac{1}{\pi r_\mathrm{g}^2 n_\mathrm{g}} \tag{2.17}$$

さらに，これを λ_g で表す場合，

$$\lambda_\mathrm{e} = 5.66 \times \lambda_\mathrm{g} \tag{2.18}$$

となります．

代表的な気体の平均自由行程を表 2.1 に示します．

表 2.1 主な気体の平均自由行程（1 気圧，20°C）

気体	He	Ne	Ar	Kr	Xe	N_2	O_2	CO_2
λ (10^{-6} m)	0.19	0.13	0.069	0.052	0.038	0.034	0.069	0.043

2.2 気体放電の理論

2.2.1 励起と電離

気体分子は中性でお互いが離れているため，電流が流れるための電子やイオンが存在しません．しかし自然界に存在する放射線（宇宙線）や電圧，紫外線などといった外部からのエネルギーを加えることによって分子を構成する原子の核外電子が離脱して，または離脱した電子が別の分子と結合して荷電粒子を生じます．この荷電粒子はさらにエネルギーを受けるとつぎに述べる励起や電離といった状態に移行して電子やイオンを生じます．

励　起

低いエネルギー状態にあった気体分子中の原子が外部からエネルギーを受けると，原子の核外電子は高いエネルギー状態に遷移することがあります．このように電子のエネルギー状態が高い状態に遷移した状態を**励起**と呼び，この状態にある分子は**励起分子**と呼ばれます．

励起分子は不安定なものが多く，ほとんどの励起分子の寿命は 10^{-8} s 程度と極めて短時間ですが，不活性気体などの一部の気体では，大きな外乱がない限り安定に励起状態を保つことができ，その寿命も 10^{-3} s 程度から 10^{4} s 程度のような分子もあります．このような状態は準安定状態（meta-stable）と呼ばれ，準安定状態を持つような気体分子を**準安定励起分子**と呼びます．また，分子を励起状態にするために必要なエネルギーは励起電圧といい，単位は eV で表します．さらに基底状態から励起状態へ遷移するために必要な最低のエネルギーを共鳴（共振）電圧といい，このエネルギーの大きさで励起した状態は共鳴状態と呼ばれます．

電　離

外部から電離電圧以上のエネルギーを受けると核外電子は原子核の束縛を離れて自由電子になります．この状態を**電離**といい，電離に必要なエネルギーを**電離電圧**といいます．また，電離した原子にさらにエネルギーを与え続けると新たな電子を放出することがあります．これに必要なエネルギーを第 2 電離電圧，第 3 電離電圧といいます．

表 2.2 に主な気体の励起電圧と電離電圧を示します．

また準安定励起状態にある分子が電離電圧の低い他の分子と衝突をしたとき，これを電離させることがあります．具体的に，蛍光灯では水銀とアルゴンの 2 種類の気体が用いられていますが，気体がアルゴンだけのときと比較して放電開始電圧は低くなります．これはペニング効果と呼ばれていますが，放電開始電圧を著しく低下することができ，それに伴って電離効果が向上することになります．

表 2.2　主な気体の励起電圧と電離電圧

気体		原子番号	共鳴電圧（eV）	準安定励起電圧（eV）	第 1 電離電圧（eV）	第 2 電離電圧（eV）	第 3 電離電圧（eV）
不活性気体	He	2	21.21	19.80	24.58	54.40	
	Ne	10	16.85	16.62	21.56	41.07	63.5
	Ar	18	11.61	11.55	15.76	27.6	40.9
	Kr	36	10.02	9.91	14.00	24.56	36.9
	Xe	54	8.45	8.32	12.13	21.2	32.1
通常の気体	H	1	10.198		13.60		
	H_2		11.2		15.6		
	N	7	10.3	2.38	14.54	29.60	47.43
	N_2		5.23	6.2	15.51		
	O	8	9.15	1.97	13.61	35.15	54.93
	O_2		1.635	1.0	12.2		
	CO		6.0		14.1		
	CO_2		10.0		14.4		
金属蒸気	Li	3	1.85		5.390	75.62	122.4
	Na	11	2.1		5.138	47.29	71.8
	K	19	1.61		4.339	31.81	45.9
	Cu	29	1.4		7.7		
	Cs	55	1.38		3.893	25.1	34.6
	Hg	80	4.886	4.667	10.434	18.751	34.2

電離の形態

電離は光，熱，または衝突によるエネルギーが気体に与えられることで生じます．このうち，紫外線などの持つ光子エネルギーを光によって原子が吸収して電離する形態を**光電離**と呼びます．

振動数 ν を持つ光のエネルギーは $\Delta W = h\nu$ で与えられます．電離は原子がこの値を超えるエネルギーを受けたときに生じます．

つぎに温度が高い状態で気体原子（分子）が激しい熱運動を行っている状態にあります．この状態下においては原子自身が大きな運動エネルギーを持っています．そのエネルギーによって原子同士が衝突を起こして電離することがありますが，これを**熱電離**と呼びます．電離する割合は以下に示す**サハの熱電離の式**に従います．

$$\frac{n_{\mathrm{e}}n_{\mathrm{i}}}{n_{\mathrm{n}}} = \frac{2\pi m_{\mathrm{e}}k_{\mathrm{B}}T}{h^2} \times \exp\left(-\frac{U}{k_{\mathrm{B}}T}\right) \tag{2.19}$$

ここで，n_{i} は気体温度 T におけるイオン密度，n_{e} は同様に電子密度，n_{n} は中性分子の密度，U は原子の電離に必要なエネルギーです．

さらに中性分子，電子およびイオンなど荷電粒子が衝突することによって電離する形態を**衝突電離**といいます．また，励起や電離を起こすような荷電粒子の衝突を**非弾性衝突**といいますが，エネルギーが小さい場合には励起や電離を起こさずに，粒子ははじかれてしまいます．そのような衝突は**弾性衝突**と呼ばれています．

2.2.2 電子の付着

負性気体

電気的に中性にある中性分子が衝突電離で生じた電子を付着して負イオンとなる現象を**電子付着**といいます．電子付着によって負イオンになった気体原子は**負性気体**または**電気的負性ガス**と呼ばれ，電子付着係数 η が大きく，電界による加速が鈍くなり，衝突電離が行われなくなります．それによって，これらの気体中では自由電子が少ないため放電電圧が高くなって，その結果，耐電圧特性に優れるという特性を持つこととなります．

負性気体になりやすい元素には以下のようなものがあります．

- フッ素（fluorine，F，原子番号 9）

- 塩素（chlorine，Cl，原子番号 17）
- 臭素（bromine，Br，原子番号 35）
- ヨウ素（iodine，I，原子番号 53）
- 上記 F，Cl，Br，I などのハロゲン族を含む分子
- ネオン（neon，Ne，原子番号 10）
- アルゴン（argon，Ar，原子番号 18）
- クリプトン（krypton，Kr，原子番号 36）
- キセノン（xenon，Xe，原子番号 54）

以上の不活性気体（貴ガス）は最外殻電子が 1 個少ない負イオンになります．そのため，自由電子を減少させ火花電圧が高くなります．また，平均自由行程が同じ分子の場合でも，負性気体のほうが衝突電離されにくくなるために，火花電圧は高くなります．

またハロゲン族フッ素の化合物である **6 フッ化硫黄**（SF_6）ガスは代表的な負性気体ですが，SF_6 は遮断器やガス絶縁機器など電力機器の絶縁ガスとして多く用いられています．

表 2.3 に各種負性気体となりうる分子の特性を示します．表中常温で気体の状態にある分子は CCl_2F_2，SF_6，CF_3CN の 3 種類です．一般的に分子量が大

表 2.3　負性気体となりうる分子の特性

分子	名称	分子量	沸点 (°C)	融点 (°C)	火花電圧 (N（窒素）= 1)	常温時
CCl_2F_2	ジクロロジフルオロメタン（フロン 12）	120.91	−29.8	−158	2.47	気体
SF_6	ヘキサフルオロ硫黄（6 フッ化硫黄）	146.06	−63.8	−63.9	2.54	気体
CF_3CN	トリフルオロアセトニトリル	95.02	−68.8		3.8	気体
CCl_4	テトラクロロメタン（4 塩化炭素）	153.8	76.7	−23	6.3	液体
C_7F_{14}	メチルシクロヘキサン	350.05	76.3	−44.7	6.5	液体
C_8F_{16}	1,3-ジメチルシクロヘキサン	400.06	102	−70	8.6	液体
$C_{14}F_{24}$	パーフルオロフェナントレン	624.11	210	−20	10.0	液体

きく平均自由行程が小さい分子ほど火花電圧が高くなりますが，常温で液体の物質は負性気体として電力機器の絶縁に用いられていません．また，CCl_2F_2 は昔の電力機器の絶縁に用いられたことがありましたが，沸点が -30°C と比較的高いため，SF_6 が用いられるようになって以降は用いられなくなりました．しかしながら SF_6 ガスは，温暖化係数が高いため，現在代替ガスに関する研究が多く行われています．これは，気体単体を置き換えるのみならず，圧力を変化させたり，3 種類以上の混合ガスを用いて火花電圧を高めるなどの試みが行われています．たとえば CF_3CN は SF_6 ガスよりも優れた火花特性を持つようですが，吸入すると致命的となる毒ガスであるなど，SF_6 ガスの総合性能を超える気体は見つかっていません．

2.2.3 再 結 合

正と負の荷電粒子が結合して再び中性粒子（原子，分子）を作るプロセスを**再結合**といいます．再結合によって $h\nu$ のエネルギーを持つ光子を放出する放射再結合や，再結合による余分のエネルギーの一部が分子の解離に使われる解離再結合などがあります．

2.2.4 荷電粒子の運動

荷電粒子は電界によりエネルギーを得て電界の方向に移動していきますが，移動の途中で衝突等によってエネルギーが減少してしまいます．そして得られたエネルギーの大きさと失ったエネルギーの大きさとが釣り合ったときに，ある一定の速度に落ち着きます．この移動速度は**ドリフト速度**と呼ばれています．

ドリフト速度 v_d は一定圧力下では次式で表せます．

$$v_\mathrm{d} = \mu E \tag{2.20}$$

ここで係数 μ を**移動度**（$\mathrm{m^2/V \cdot s}$）と呼びます．移動度は荷電粒子の電界下での移動のしやすさを示していて，質量が小さい電子の移動度はイオンの移動度と比較してはるかに大きい値をとり，気体の種類により異なりますが，およそ 0.02×10^{-3}〜$2 \times 10^{-3}\ \mathrm{m^2/V \cdot s}$ の値をとります．さらに移動度と電荷密度（$\mathrm{C/m^3}$）の積が導電率（S/m）になります．

また荷電粒子の密度が場所によって差を持つ場合には，密度の高いところから低いところへ向かって荷電粒子は移動し，均一化しようとします．そのようなはたらきを拡散と呼びます.

2.2.5 衝突電離係数

大気中において平行平板電極間に電圧を印加していくと，印加電圧の上昇に伴って電子の速度も増加します．そのため衝突電離が繰り返し生じることとなり，電流は急激に流れるようになります．ここで電極間において電子 1 個が単位距離あたり進む間に生じる衝突電離の回数を**衝突電離係数** α として定義するとき，電子が dx 進む間に増加する電子の数 dn_x は,

$$dn_x = n_x \alpha \, dx \tag{2.21}$$

で表せます．この微分方程式を解くと，陰極から飛び出した 1 個の電子が陰極から距離 x の位置において増加した電子数 n_x は

$$n_x = K \exp(\alpha x) \tag{2.22}$$

で求められます．n_x の増加数はあたかも雪崩《なだれ》のように急激に増加することから，この現象は電子なだれと呼ばれています.

イオンも電子と同様に単位距離あたり進む間に生じる衝突電離回数を β として定義することが可能です．しかしながら，実際の放電においてはイオンによる衝突電離はほとんど生じません.

2.3 タウンゼントの理論

電子の電荷である電気素量の大きさを初めて測定したアイルランドの物理学者タウンゼント（John Sealy Edward Townsend）は，オックスフォード大学で教鞭をとっていた 1900 年頃に，前項の衝突電離係数の項で説明した電子の増倍作用を α 作用，そして α 作用によって生じたイオンによる衝突電離作用を β 作用としてこれを**タウンゼントの理論**として定義しました.

さらにタウンゼントは α 作用のほかにも，衝突励起や再結合によって生じる光ならびに準安定励起原子が陰極に当たって光電子を放出する作用があることを見出しました．この作用を 2 次電子放出作用（γ 作用）と呼びます.

上述したように，実際の放電においてはイオンによる衝突電離はほとんど生じないため，以後 β 作用については議論しません.

図 2.3 のように平行平板間の陰極から n_0 個の初期電子が放出されるとき，α 作用により**電子なだれ**が生じます．電子数は陽極に達するときには電極間距離を d とすると，式 (2.22) に従って $n_0 \exp(\alpha d)$ 個に増加します．電子の増加分は初期電子分を差し引いた $n_0\{\exp(\alpha d) - 1\}$ 個となります．このとき同数の正イオンが発生して陰極へと向かって，増加した正イオンの数に比例した数の 2 次電子を放出します．

このときの比例係数を γ とおいたとき，第 2 世代の電子なだれによって陽極に達する電子数は

$$n_0\gamma\{\exp(\alpha d) - 1\}\exp(\alpha d) \tag{2.23}$$

となって，増加した電子数と同数の

$$n_0\gamma\{\exp(\alpha d) - 1\}^2 \tag{2.24}$$

個の正イオンが陰極へと向け移動します．同様に第 3 世代の電子なだれについても，初期電子数は

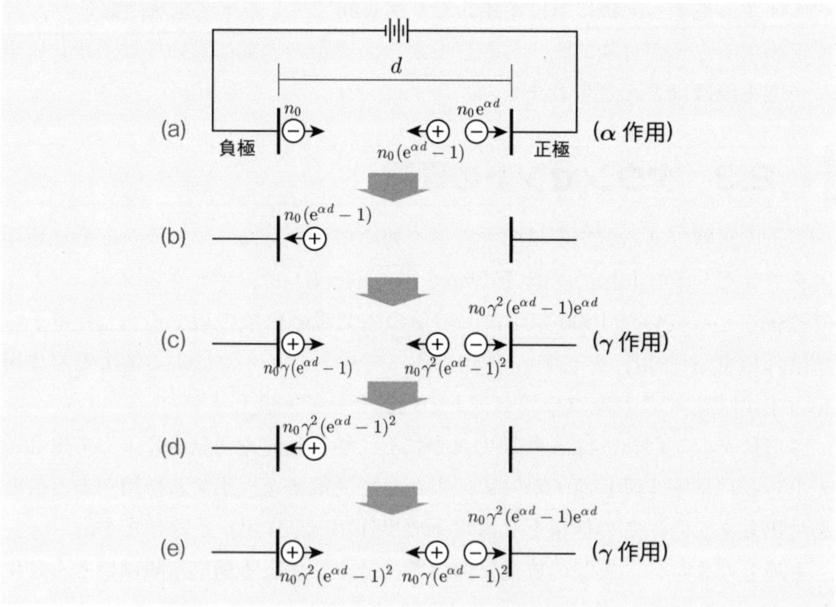

図 2.3　タウンゼントの理論

$$n_0\gamma^2\left\{\exp(\alpha d)-1\right\}^2 \tag{2.25}$$

陽極に達する電子数は

$$n_0\gamma^2\left\{\exp(\alpha d)-1\right\}^2\exp(\alpha d) \tag{2.26}$$

と増加していき，総電子数 n は

$$n=\frac{n_0\exp(\alpha d)}{1-\gamma\{\exp(\alpha d)-1\}} \tag{2.27}$$

ただし，$1>\gamma\left\{\exp(\alpha d)-1\right\}$

となります．このときの電流値 I は，

$$I=\frac{\exp(\alpha d)}{1-\gamma\{\exp(\alpha d)-1\}}I_0 \tag{2.28}$$

ただし，I_0 は初期電流

本式において分母が 0，すなわち

$$\gamma\left\{\exp(\alpha d)-1\right\}=1 \tag{2.29}$$

であるとき I の大きさは無限大となって，放電が自続的に発生します．これをタウンゼントの放電自続の条件式といいます．

2.4 パッシェンの法則

ドイツの物理学者パッシェン（Louis Carl Heinrich Friedrich Paschen）は 1889 年に，「気体の平等電界におけるスパークオーバ電圧 V_{s} は，その気体の圧力 p ならびに，ギャップ長 d との積だけの関数，$V_{\mathrm{s}}=f(pd)$ で表される.」という実験結果を発表しました．これを**パッシェンの法則**といいます．

ここで**図 2.4** は横軸に pd，縦軸に V_{s} をとって両者の関係を示した曲線ですが，これを**パッシェン曲線**といいます．パッシェン曲線は気体の種類により異なり，**図 2.4** は各種気体のパッシェン曲線を示したものです．

パッシェン曲線は，以下の関数で表すことができます．

$$V_{\mathrm{s}}=\frac{Bpd}{\ln(Apd)-\ln\{\ln(1+\frac{1}{\gamma})\}} \tag{2.30}$$

ここで，p は気圧 [Torr]，d は電極間の距離 [cm]，A および B は気体の種類に

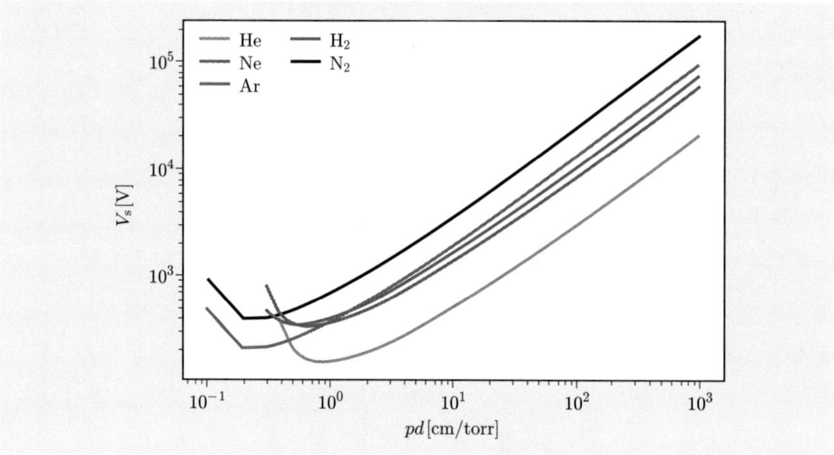

図 2.4　パッシェン曲線

よって決まる定数で，γ は陰極電極の状態および電界，イオンの種類で決定される値です．

また，**図 2.4** は以下の Python プログラムから得ることができます．

```
import numpy as np
import matplotlib.pyplot as plt

def Vs(a,b,pd): #パッシェン曲線を示す関数
    return (b*pd/(np.log(a*pd)/4.86))

Gas=['He','Ne','Ar','Kr','Xe','Hg','H2','N2','Air','CO2','H2O']
A=[3.01,4.00,12.00,17.0,25.94,19.95,5.00,12.0,15.03,20.0,12.99]
B=[34.05,100.02,179.55,239.4,349.8,369.74,129.94,341.81,364.42,465.5,289.94]

pd=[]
for j in range(-1,3):
    for i in range(1,10):
        pd.append(i*10**j)
pd.append(1000)
plt.xscale('log')
plt.yscale('log')
plt.xlabel('pd [cm/torr]')
plt.ylabel('Vs [V]')

for i in range(0,11):
    V=[]
    x=[]
    for j in range(0,37):
        if(Vs(A[i],B[i],pd[j])>0):
            V.append(Vs(A[i],B[i],pd[j]))
            x.append(pd[j])
    plt.plot(x, V,label=Gas[i])
plt.legend(frameon=False,ncol=2)
```

```

plt.show()
```

プログラムはつぎの QR コードからダウンロードできます．

スパークオーバ電圧 V_{s} の最小値はパッシェンミニマムと呼ばれていて，空気の場合，パッシェンミニマムは 330 V になります．

2.5　ストリーマの理論

大気中の電極間に高電圧を急に印加するとき，10^{-8} s 程度の極めて短時間で電極間に放電が生じます．この現象をタウンゼント理論で説明しようとするとき，放電開始は正イオンの衝突が開始条件となりますが，正イオンの速度はこれよりずっと遅く，この時間領域では衝突は起こりえません．

そこでイギリスの物理学者ミーク（John Meek）は，電子なだれの発展中のある条件下において導電性の強い放電路であるストリーマが形成され，短時間で放電が開始するという**ストリーマの理論**を提案しました．

図 2.5 において，(a) はタウンゼントの理論における第 1 世代です．この世代では平行平板電極の陰極から初期電子が放出されて，α 作用を経て電子なだ

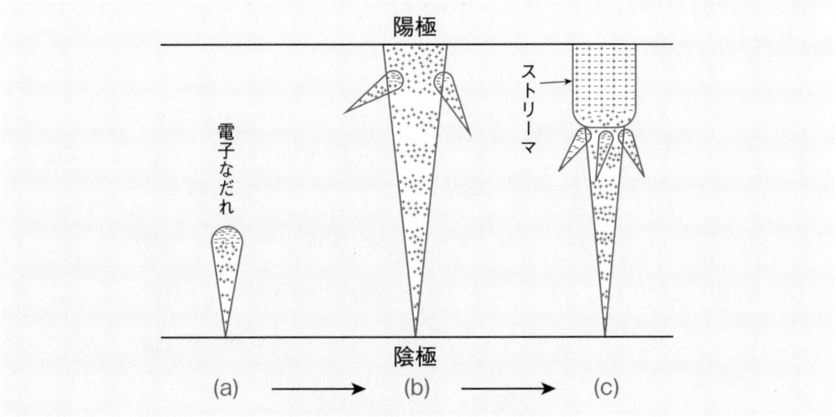

図 2.5　ストリーマの理論

れが生じます．また電子なだれの先端には速度の速い電子が分布し，後方には速度の遅い正イオンが分布します．そして電子なだれの先端が陽極に達するとき，電子は陽極に吸収されて，三角錐状の正イオンのみが残されることになります（同図 (b)）．

残された正イオンは電荷密度が強く，その付近に電離によって生じた電子が存在するとき，新しい電子なだれが発生して，正イオン錐に取り込まれていきます．この電子なだれの先端部の電子と正イオンによって (c) のようにストリーマと呼ばれるプラズマ状態の導電路が生じます．そしてこの形成されたストリーマは電子なだれを次々と取り込んでいって成長していき，陰極に達するとともに放電を開始します．

2.6 放電の種類

放電の種類は大きく分けて**非自続放電**と**自続放電**に分類されます．電極間に電圧を印加する際に，電極に外部から紫外線を照射するなどして初期電子を供給すると放電が生じます．さらに印加電圧を上昇していくと，外部から初期電子を供給しなくても，α 作用や γ 作用などによって電子が増加して放電が継続的に生じるようになります．このような放電を自続放電と呼びます．

しかしながら，初期電子の供給を止めると放電をしなくなる放電もあります．そのような放電は非自続放電と呼ばれています．

ここでは図 2.6 に示すように，電極間に電圧を印加したときに現れる放電の種類について説明します．

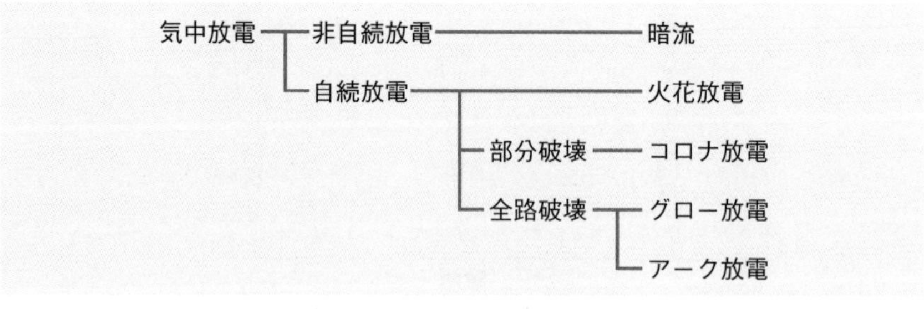

図 2.6 放電の種類

2.6.1 暗　流

暗流（暗電流）は，紫外線や宇宙線などのエネルギーを与えて生じた電子やイオンにより生じる非自続放電です．平等電界中ではこの放電を肉眼で目視することが不可能であるため暗流と名づけられました．また暗流による放電は伴いません．さらにその電流の大きさは 10^{-17}〜10^{-6} A 程度です．暗流の電圧–電流特性を図 2.7 に示します．暗流も大きさは印加電圧の大きさに関わらず，ほぼ一定の飽和電流特性を示しますが，電子なだれが起き始めると急激に電流が大きくなり，自続放電の領域へと移行していきます．

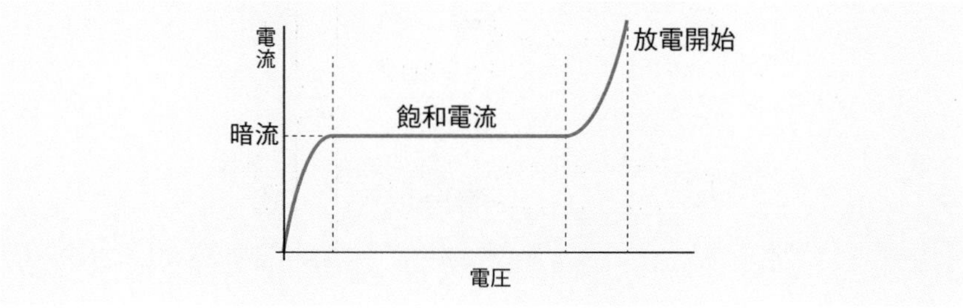

図 2.7　暗流の電圧–電流特性

2.6.2 コ ロ ナ 放 電

高電圧機器はその機能に合わせて多様な形状をとりますが，設計の際にはできるだけ電界が集中する箇所が生じないように考慮されます．しかしながら先端が細い形状であったり，曲率が小さい箇所では，不平等電界分布となって，電界が集中してしまいます．このような箇所で放電の自続条件を満足するとき，その点近傍表面で発光が観測されることがあります．このような放電を**コロナ放電**といいます．最近ではほとんど見ることが少なくなりましたが，雨の日に送配電線から「ジーッ」という音とともに，夜間の場合には小さな発光が見える場合があります．これは架空線の電界が集中している箇所でコロナ放電が生じているからです．架空線で発生するコロナ放電は電力の損失や騒音，電波障害の原因となるため，発生を最小限に抑える必要があります．

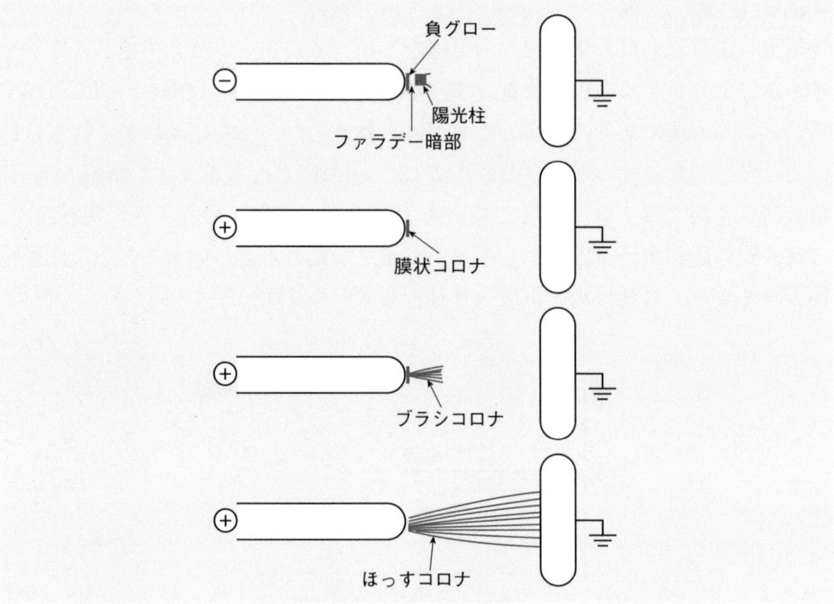

図 2.8 コロナ放電

コロナ放電は以下のような性質を持ちます.

(1) 極性によって性質が異なる

正極性の場合

- まず棒電極の先端に膜状コロナと呼ばれる放電が電極表面に現れる
- 電圧を上げていくとブラシコロナという線状の放電が現れる
- さらに電圧を上げていくとほっすコロナという線状の放電が現れる

負極性の場合

- 周期的なブラシコロナ放電が生じる

商用周波交流電圧の場合

- その周期ごとに正・負両極性のコロナ放電が生じる

(2) 棒–平板電極間において平板を接地して棒電極に電圧を印加する場合,棒電極の先端の電界が最も高くなる

■ 例題 2.1 ■

つぎの文章はコロナ損に関する記述である．

送電線に高電圧が印加され，（ア）がある程度以上になると，電線からコロナ放電が発生する．コロナ放電が発生するとコロナ損と呼ばれる電力損失が生じる．そこで，コロナ放電の発生を抑えるために，電線の実効的な直径を（イ）するために（ウ）する，線間距離を（エ）する，などの対策がとられている．コロナ放電は，気圧が（オ）なるほど起こりやすくなる．

上記の記述中の空白箇所（ア），（イ），（ウ），（エ）および（オ）に当てはまる語句を答えよ．（電験三種改）

【解答】 （ア）電線表面の電界強度，（イ）大きく，（ウ）多導体化，（エ）大きく，（オ）低く ■

2.6.3 グロー放電

低気圧気体中の放電では，電圧を徐々に上げていくと，弱い光を発光して数 μA～数 mA の小さな電流が流れる放電現象が生じる領域があります．この領域における放電は**グロー放電**と呼ばれるもので，蛍光灯のグローランプ，材料の表面加工・改質などに利用されています．

電子を放出する機構は γ 作用で，**表 2.4** に示すように気体の種類によって放電時に発光する色が異なることを利用してネオンサイン等に用いられています．

表 2.4 主な気体のグロー放電の発光色

気体種類	陽光柱色	気体種類	陽光柱色
空気	赤	Na	黄
N_2	赤	O_2	黄
Ne	赤	He	白
Ar	暗赤	Hg	緑
H_2	桃		

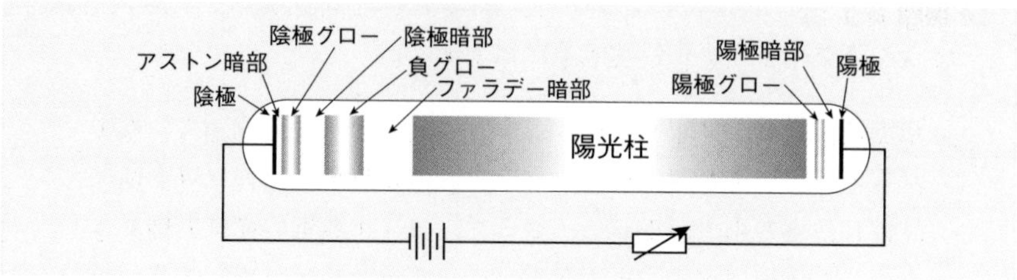

図 2.9 グロー放電

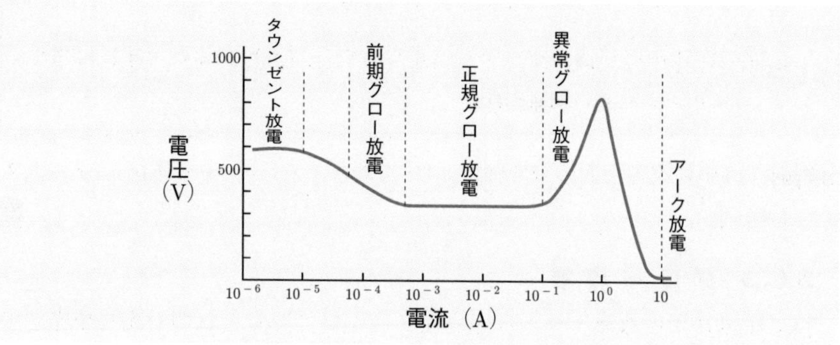

図 2.10 グロー放電の電圧–電流特性

図 2.9のような放電管を用いて電極両端の印加電圧を変化させるとき，V–I 特性は図 2.10 のようになります．図中，電流の増加に関わらず電極間電圧が数百 V と低く一定である領域は正規グロー放電と呼ばれます．

正規グロー放電状態下では電流の増加に伴って，陰極グロー部分が徐々に拡大していき，電流密度がさらに増加するとやがて熱電子放出が始まり，アーク放電へと移行します．

グロー放電の各部の名称とその特徴は以下のとおりです．

- アストン暗部：陰極から出た電子の速度が小さく，励起や電離が生じていないため発光をしていない領域
- 陰極グロー：電子の速度が上昇していき分子が励起され，励起された分子が発光して低エネルギーレベルに遷移している領域
- 陰極暗部：電子の速度はさらに上昇していくが，励起確率の低下で発光が起こらない領域．この部分の α 作用で生じた正イオンは陰極方向に移動し

てγ作用に寄与していく

- 負グロー：衝突電離によってエネルギーを失った電子が再び励起作用を起こして発光する領域．低速の電子と低速のイオンが再結合を起こすことによって発光する
- ファラデー暗部：電子が再び加速されることで励起や電離を行わなくなるため発光が起こらない領域
- 陽光柱：電子の速度が上昇していき励起可能になり発光を生じる領域で正イオンの密度と電子の密度がほぼ等しくプラズマ状態である
- 陽極グロー：加速された電子が陽極前面の気体分子を電離することで生じるグロー領域

グロー放電の実験

市販の放電管等を使ったグロー放電実験を行ってみましょう．グロー放電は低気圧下で生ずる放電現象です．そのため，まず放電管と真空ポンプを入手しましょう．ここでは放電管に ED-400N（ナリカ製），真空ポンプに 5.7 L 真空チャンバーキット（BACOENG 製）を用いました．電圧は数 kV の直流電圧を印加します．高電圧電源があれば，それを使用しますが，ない場合には 7.2.3 項で述べるコッククロフト–ウォルトン回路を製作してください．

放電させるために真空度はさほど必要ありませんが，真空ポンプと放電管を接続するゴム管は，しっかりとしたものを使用しないとエア抜けを起こして気圧を下げることができません．ここでは 2 重真空用排気ゴム管（アラム製）と高真空用シールグリス ハイバック G（信越化学工業製）を購入して，しっかりとシーリングしています．つぎの QR コードから実験の様子を見てみましょう．

2.6.4 アーク放電

アーク放電は，大気圧程度の圧力下で生じる大電流の定常放電であって，電極から熱電子放出を伴い，高温かつ強い光を放つ放電です．その熱と光を利用して，蛍光灯，水銀灯，アーク炉およびアーク溶接等に利用されています．

放電路の形状は図 2.11 に示すように弧状で，陰極点，アーク柱および陽極点で構成されます．

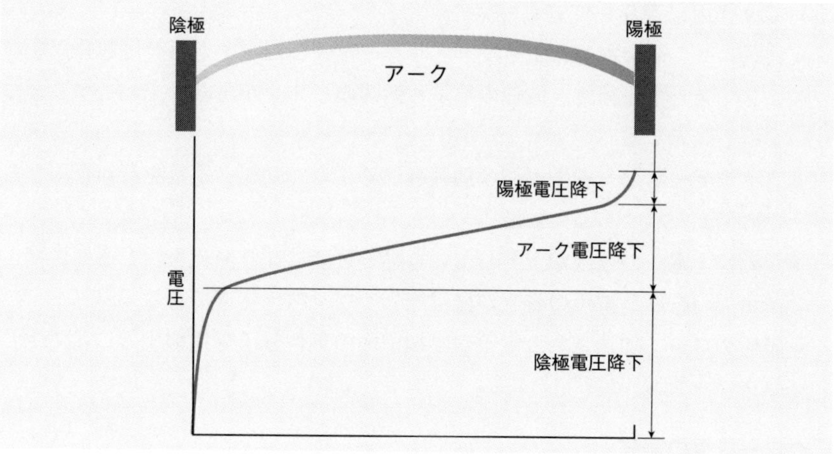

図 2.11　アーク放電

アーク放電の各部の名称とその特徴は以下のとおりです．

- 陰極点アーク：陰極点では電極材料によって，熱電子アークと冷陰極アークの 2 種類に分類されます．熱電子アークは陰極がタングステン（原子記号 W，原子番号 74，融点 3695 K）や炭素（原子記号 C，原子番号 6，融点 3570 K）などの高融点材料の場合に生じます．

  陰極の温度は高温になり，熱電子放出によって電子が供給され，その電流密度は $10^3 \sim 10^4$ A/cm^2 になります．

  また，冷陰極アークの陰極材料に銅（原子記号 Cu，原子番号 29，融点 1357.77 K），アルミニウム（原子記号 Al，原子番号 13，融点 933.47 K）または水銀（原子記号 Hg，原子番号 80，融点 234.32 K）などを用いた場合の電流密度は 10^6 A/cm^2 程度になります．

  この場合，熱電子放出を十分行えるほど融点が高くないため，この電流密度の大きさについて陰極からの電界放出や陰極から蒸発した金属蒸気の熱電離またはアーク柱の正イオンとの衝突で散乱した励起原子による γ 作用によるなどの原因が考えられています．

- アーク柱：陽光柱とも呼ばれます．電流密度が高くて高温の弧心と，電流密度および温度が低く化学的に活発な外沿部とで構成されます．アーク柱の電離は主に電子の衝突電離作用であり，大きな電流密度を持ちます．

アーク放電の実験

アーク放電は低い電圧でも生じることがあります．ここでは，乾電池を 20 個直列接続して，その両端にカーボン電極（シャーペンの芯）を付けてアーク放電を発生させる実験を行ってみました．つぎの QR コードから実験の様子を見てみましょう．

2章の演習問題

□ **2.1**　0°C，1 気圧のときの CO_2 ガスについて，平均自由行程はいくらになるか計算せよ．ただし CO_2 分子の直径を 4.63×10^{-10} m とする．

□ **2.2**　CO_2 の電離電圧は 14.4 V であるが，光電離に必要な光の波長を求めよ．

□ **2.3**　Xe (キセノン) が準安定状態にあるとき，衝突電離に必要な電子速度を求めよ．

□ **2.4**　1 気圧の大気中で直径 2 cm の標準球ギャップがギャップ長 $d = 1$ cm で対向している．このときのギャップの火花電圧は 30.7 kV である．球の中心が平等電界であるとするとき，衝突電離係数 α はいくらかになるか計算せよ．また，陰極から出た 1 個の電子が陽極に到達するときに電子数はいくらに増加しているか求めよ．

第3章

液　体　放　電

液体中の放電電圧は空気中における値より高くなります．そのため多くの電力機器は，絶縁油と呼ばれる油の中に機器を入れて耐電圧を上昇させることで，電力機器の筐体を小さくすることに成功しています．そのほか温度変化が小さくなって安定した特性を得られるメリットもあります．

本章では液体中における放電現象の理論および電力機器に用いられる絶縁油の種類について学びます．

3.1　液体の性質

高電圧機器の絶縁には主に**絶縁油**と呼ばれる液体が用いられます．液体の分子間距離は，気体の分子間距離と比較してはるかに小さく，分子の大きさと同程度になります．そのため平均自由行程は気体よりもかなり短いものとなり，高電界にならないと衝突電離が発生しにくいという特徴があります．

しかし気体の場合と同様に，電極から電子供給やイオンの発生が行われることによって液体であっても電流は流れます．またその電流によって発生するジュール熱で気泡が生じることがあります．そのような場合には，気体の火花電圧は液体に比べて低いことから，気泡中で放電が生じてしまい，そのため絶縁破壊される場合があります．さらに，液体に不純物が含まれている場合の放電電圧は，その影響を大きく受け，かなり低下することとなります．

高電圧機器として代表的な変圧器も絶縁と冷却のために絶縁油が用いられます．絶縁油は最初は淡い黄色をしていますが，経年劣化とともに酸化して茶褐色に変化していきます．これは，変圧器の運転によって温度変化が生じます．これによってわずかな外気の出入りが生じ，そこに含まれている酸素が絶縁油と反応したり水分が溶解するためです．酸化が進んでいる絶縁油は絶縁劣化を起こし絶縁耐力も低下するため，酸化安定性が高い絶縁油を使用する必要があります．酸化の程度を知るためには全酸価測定があります．これは試料 1 g 中に含まれている全酸性成分を中和するために必要な水酸化カリウムのミリグラム（mg）数を測定する方法です．絶縁油は酸化していない油が望ましいため，全酸価は小さいことが必要になります

また冷却作用を向上させるためには粘度が低く流動的であることが重要です．液体が流動しなくなる温度のことを流動点といいます．できるだけ低い温度まで絶縁油は流動性を保たなければならないため，できるだけ低い流動点のものを使用する必要があります．

3.2　液体放電の理論

3.2.1　電圧−電流特性

液体中に平行平板を挿入して電圧を印加したときに流れる電流を表した電圧−電流特性を図 3.1 に示します．電圧 0 から徐々に電圧を増加させていくとき，最初は荷電粒子の発生数はイオンに依存していると考えられていて，オームの法則に従った変化をします（領域 a）．領域 a および領域 b は低電界電気伝導領域，そして領域 c は高電界電気伝導領域と呼ばれています．

イオンは自然界の放射線によって液体の分子から生成されるものや，液体中に含まれている微量な不純物分子が解離して生成されていると考えられています．

領域 b は一般の液体では観測されることは少なく，高電界下においたヘキサンなど限られた条件下で観測されます．この領域では生成されるイオン数が一定となるため，印加電圧の大きさによらず徐々に電流が飽和していく領域にな

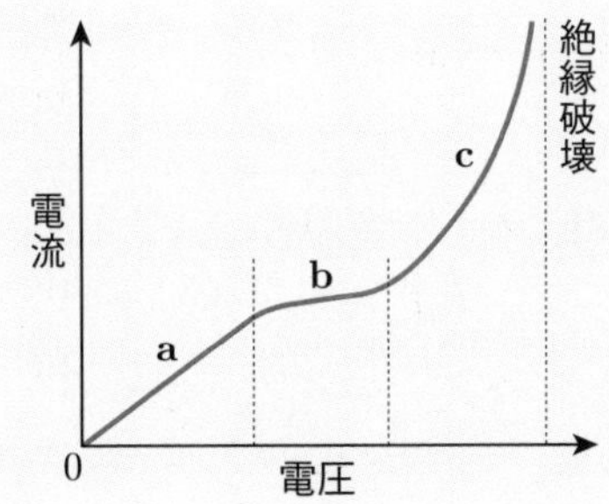

図 3.1　液体放電における電圧−電流特性

ります.

領域cは，電界の増加につれて荷電粒子も急増する領域です．その理由としては以下の機構が考えられていて，電子の急増によって絶縁破壊へつながります.

(1)　高い電界によって液体分子や不純物分子の解離割合が増加する

(2)　高い電界の印加によって熱電子が電極から放出する（ショットキー効果）

(3)　電界下で加速した電子によって衝突電離が生じる

3.3　主な絶縁液体

3.3.1　鉱　油

鉱油は石油（原油）などから蒸留精製される絶縁油で鉱物油とも呼ばれ，多くの工業製品に用いられています．電力用機器向けとしては変圧器，遮断器，油入コンデンサおよびOFケーブルなどに用いられます．化学成分は**図3.2**に示すように，パラフィン系成分，ナフテン系成分および芳香族成分の混合体で構成されます.

3.3.2　合成絶縁油

化学的に合成した絶縁油を**合成絶縁油**といいます．合成絶縁油には，ポリブテン（ポリブデン），アルキルベンゼンおよびシリコーン油などがあります.

ポリブテンはイソブチレン（C_4H_8）を主体とした合成油で，粘度が高く，ケーブル接続部の充填油として用いられています.

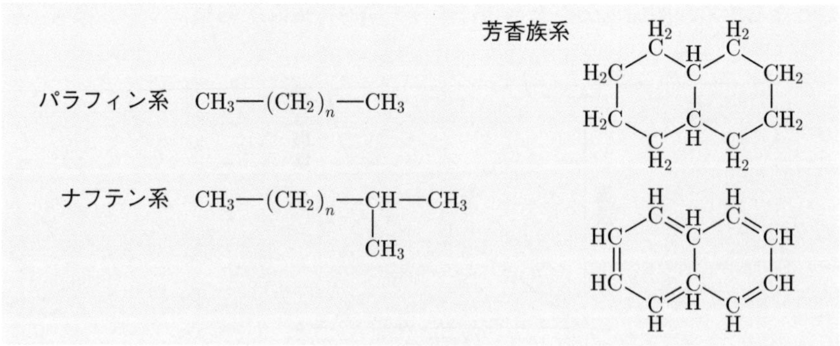

図3.2　鉱油の化学成分

アルキルベンゼンはベンゼン核にアルキル基を１つ含んだ構造で，ガス吸収性，安定性，電気特性などが優れているために，超高圧油充填ケーブル油として用いられているほか，ジアルキルベンゼンを鉱油に混合した絶縁油も用いられています．

シリコーン油はポリメチルシロキサンを主成分とした絶縁油です．高価である反面，耐熱性に優れていて，化学的に安定しているため高温で運転される電気鉄道の変圧器などに用いられています．

3.3.3 極低温液体

窒素（N_2），水素（H_2），ヘリウム（He）など常温で気体の状態にあるこれらの分子は，極低温下では液化します．これらの液体のうち，液体窒素および液体水素は絶縁体として優れた特性を有しています．

ロケットの燃料としても用いられる液体水素は，酸素と反応すると爆発を起こし，可燃性を持つ絶縁油よりも危険なため，注意が必要です．

液体窒素は不燃性であること，常温では気化することなど取り扱いに優れているため，極低温や超伝導温度で使用する高電圧機器のための絶縁体として用いられています．

3.4 不純物の影響

変圧器，遮断器，コンデンサ，OF ケーブルなどの高電圧機器に用いられている絶縁油の中には，各種気体，繊維および水分などの不純物が含まれています．絶縁破壊強度はこれらの不純物の影響を大きく受けるため，高電圧機器に絶縁油を使用する際には脱ガスフィルタリングなどを行い，できるだけ純度を高めて用います．図 3.3 に良質な変圧器油の交流破壊放電電圧を示します．

大気圧空気と比較した絶縁油はおよそ７倍の絶縁耐力を持っており，電極間距離の $\frac{2}{3}$～$\frac{1}{2}$ 乗に比例して破壊放電電圧は増加するといわれています．さらに，絶縁油の破壊放電電圧は電極面積が増加することによって電極表面の微小な突起の分布確率が増加して放電しやすくなるという面積効果と，電界が加わる部分の体積が増すと不純物の絶対数が増加して放電しやすくなるという体積効果を持っています．

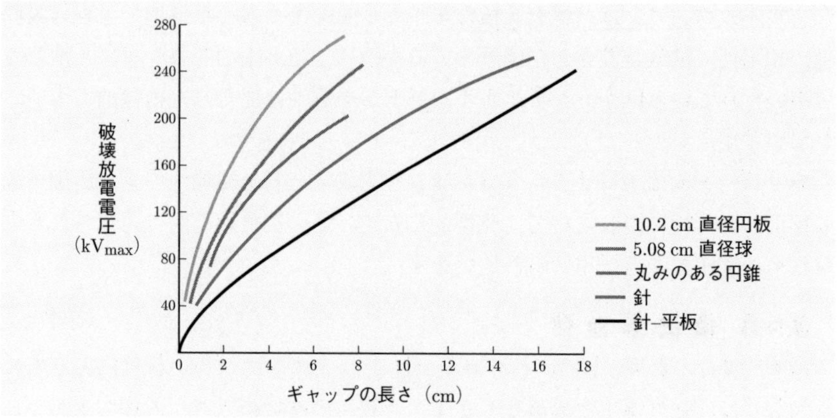

図 3.3 変圧器油の交流破壊放電電圧

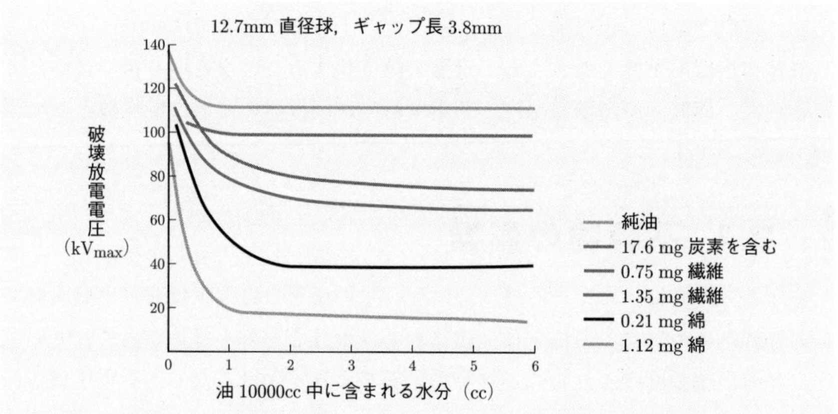

図 3.4 破壊放電電圧に及ぼす水分と繊維状異物の影響

絶縁油の破壊放電電圧は，わずかな水分により大幅に低下します．さらに繊維と水分が共存した場合にはその低下はより大きくなります．さらに空気が溶解している場合には破壊放電電圧を低下させるばかりでなく絶縁油の酸化劣化の原因にもなります．

3 章の演習問題

□ **3.1** 変圧器に使用する絶縁油として必要な性質について，誤っているものをつぎの中から 2 点選択せよ．

(1) 全酸価が大きいこと
(2) 絶縁耐力が大きいこと
(3) 絶縁抵抗が大きいこと
(4) 粘度が低いこと
(5) 流動点が高いこと

□ **3.2** 商用周波数の電圧を印加する絶縁耐力試験において，電圧の印加速度によって破壊放電電圧にはどのような違いが生じるか述べよ．

□ **3.3**

絶縁油は自変圧器や OF ケーブルなどに使用されており，一般に絶縁破壊電圧は大気圧の空気と比べて（ア），誘電正接は空気よりも（イ）．電力用機器の絶縁油として古くから（ウ）が一般的に用いられてきたが，OF ケーブルやコンデンサでより優れた低損失性や信頼性が求められる仕様のときには（エ）が採用される場合もある．

上記の記述中の空白箇所（ア），（イ），（ウ）および（エ）に当てはまる語句として，正しいものを組み合わせたのはつぎのうちどれか．（電験三種）

	（ア）	（イ）	（ウ）	（エ）
(1)	低く	小さい	植物油	シリコーン油
(2)	高く	大きい	鉱物油	重合炭化水素油
(3)	高く	大きい	植物油	シリコーン油
(4)	低く	小さい	鉱物油	重合炭化水素油
(5)	高く	大きい	鉱物油	シリコーン油

第4章

固　体　放　電

固体材料を体積抵抗率で区分すると，導電体，半導体および絶縁体に分類可能です（図 4.1 参照）．

10^6 Ω · m 以上の抵抗率の領域にある絶縁体は誘電体とも呼ばれて，その絶縁抵抗の高さから微小な電流しか流れません．しかしながら印加電圧が高くなると，電流値もそれにつれて大きくなり，ついには絶縁破壊が生じ，放電につながります．

本章では，そのような固体絶縁（誘電）体における放電現象について学習を行います．

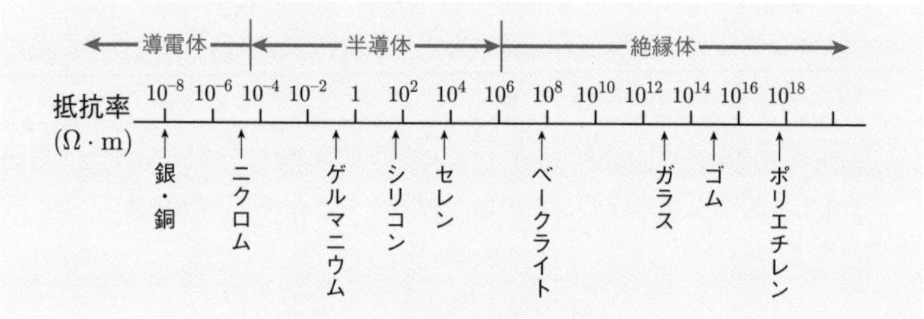

図 4.1　固体物質の体積抵抗率

4.1　固 体 の 性 質

4.1.1　固 体 絶 縁 体

固体絶縁体は組成に炭素を含む**有機材料**と炭素を含まない**無機材料**とに大別されます．また化学構造によって，アルカリハライドなどの結晶，ガラスなどの非晶質（アモルファス），そしてポリエチレンなどの高分子などに分類できます．

これらをまとめたものを**表 4.1** に示します．現在工業材料として広く利用されている合成高分子材料は，一般に絶縁抵抗が極めて高く，高電圧機器の絶縁

表 4.1　固体絶縁体の種類

分類		名称
無機材	天然材料	マイカ，水晶，硫黄
	合成材料	磁器（長石磁器，アルミナ磁器，ステアタイト），石英ガラス
有機材	天然材料	木材，パルプ，紙，糸，布，樹脂，ろう，ロジン，琥珀，天然ゴム，アスファルト，ピッチ
	合成材料	熱可塑性樹脂（ポリエチレン，ポリ塩化ビニル），熱硬化性樹脂（フェノール樹脂，エポキシ樹脂），合成ゴム（クロロプレンゴム，シリコーンゴム）

に適しています．

4.1.2　固体絶縁体の劣化

電力機器に使用される固体絶縁体が劣化する要因には機械的な外力によるひずみ，電気的要因および環境的な要因などが単体または複数が関連して生じます．またジュール熱や電圧など加わるエネルギーの大きさで劣化の進度が変化します．水も劣化の原因となりますが，水トリーは絶縁体中に含侵した水分とほこりなどの異物や固体絶縁物中に閉じ込められた微小気体空間（ボイド）や絶縁物の変形部に印加された高電界によって形成される樹枝状の欠陥で，固体絶縁物の内部で部分放電が生じることによって生成進行されます．詳細については次章で扱います．

4.2　固体放電の理論

4.2.1　電界中にある絶縁体の電流密度

いま，印加電界 E の下で絶縁材料中を流れる電流の電流密度を J としたときに，式 (4.1) で表すことが可能です．

$$J = \sigma E = en\mu E = rnv_{\mathrm{d}} \tag{4.1}$$

ここで，σ は導電率，e はキャリアが持つ電荷の大きさ，n はキャリア密度の大きさ，そして μ は移動度，そして v_{d} は電解方向への平均電子速度を表します．さらに，式 (4.1) から次式が導き出せます．

$$\sigma = en\mu, \tag{4.2}$$

$$v_{\mathrm{d}} = \mu E \tag{4.3}$$

4.2.2　フレンケル欠陥とショットキー欠陥

電気伝導に大きく関連する電荷キャリアは電荷担体とも呼ばれます．電荷キャリアは，絶縁体中に存在する自由電子，電極から放出される電子そして絶縁体中に生じるイオンに分類することができます．

また電子による伝導を電子伝導，イオンによる伝導をイオン伝導といい，低電界下ではイオン伝導が，また高電界では電子伝導が主体になって行われます．さらに電極から電子が放出される機構には，熱電子放出，光電子放出などあります．

外部から強い電界を加えたとき，電位障壁（ポテンシャルエネルギー）が下がり，放出される電子の数が増加します．このような現象は**ショットキー効果**と呼ばれます．ショットキー効果による電流はショットキー放出電流と呼びますが，この値は電界 E に対して指数関数的に増加します．

いっぽう，熱，光，放射線および電界などの外部エネルギーを与えられた不純物等に束縛されている電子が，伝導電子に転換する際に電界によって転換が容易になって伝導電子の数が増加する現象を**プール–フレンケル効果**と呼びます．

図 4.2 のようなイオン結晶中において，格子点にあるイオンが移動して元の格子点が空孔となるような場合，イオンが格子間にあるような欠陥をフレンケル欠陥といい電気伝導性を増加させる重要なファクタとなります．またイオンが結晶外に移動するような欠陥はショットキー欠陥といい，結晶の密度を低下

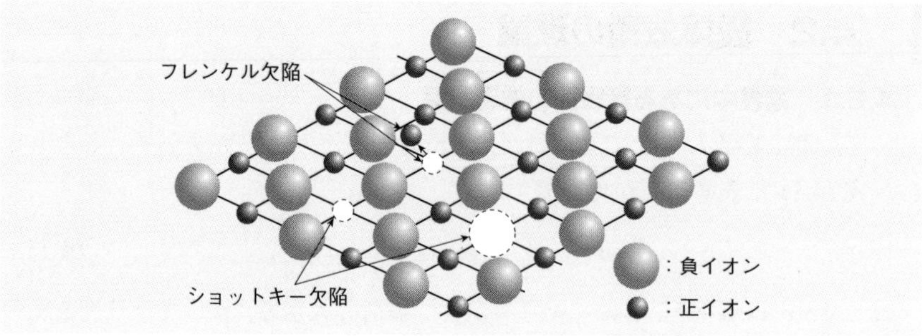

図 4.2　フレンケル欠陥とショットキー欠陥

させます．

4.2.3　電荷キャリアの移動

電荷キャリアがイオンの場合には，解離等で生じたイオンは原子配列の隙間を縫って移動し伝導します．不純物や上記で述べた欠陥が多い場合には原子配列の隙間が大きくなり電流は流れやすくなります．

つぎに電荷キャリアが電子の場合には，欠陥が少なく規則正しい原子配列構造であれば，多くの電子は結晶内を自由に移動できます．非晶質や欠陥が多い結晶の場合，電子の平均自由行程が小さいため電流は流れにくくなります．しかしここではホッピング伝導と呼ばれる電子が原子から原子へ，または分子から分子へと飛び移る伝導機構により電流が流れます．

いま，厚さ d の固体誘電体を平行平板電極で挟み，両端に電圧 V を印加する場合，固体誘電体にかかる電界の大きさ E は

$$E = \frac{V}{d} \tag{4.4}$$

ですが，ここで固体内を流れる単位面積あたりの電流 i_{B} は式 (4.1) に示したように，

$$i_{\mathrm{B}} = en\mu E \tag{4.5}$$

で表されます．

この電流 i_{B} は**バルク電流**と呼ばれます．また陰極から注入する電子は上記のショットキー効果などにより単位面積あたりの大きさ i_{C} の電流が流れます．ここで i_{B} と i_{C} のバランスが悪い場合にはバルク内に電荷が蓄積していき，誘電体内部の電界分布が変化して電流は次第に一定値に収束します．$i_{\mathrm{C}} > i_{\mathrm{B}}$ の場合には陰極近傍に負の空間電荷（ホモ空間電荷）を生じ，陰極前面の電界が低下して i_{C} が抑制されます．このような場合の電子伝導を空間電荷制限伝導（SCLC, Space Charge Limited Conduction）といいます．

4.2.4　固体中を流れる電流の測定

固体誘電体に電圧を印加して電流を測定する場合，絶縁抵抗が高くほとんど電流は流れません．そのため，高電圧を印加する必要がありますが，それでも微弱な電流しか流れないため測定には工夫が必要になります．

誘電体中を流れる電流を測定する回路は図 4.3 のように主電極とガード電極

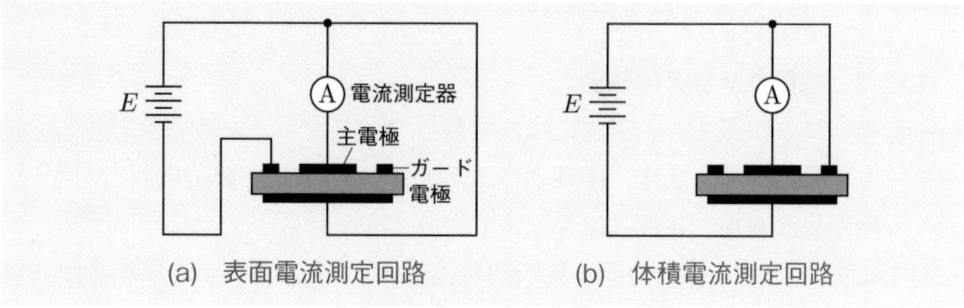

図 4.3 固体誘電体の電流測定回路

とで構成された電極を用いて，電流の測定には検流計など高感度の電流計を用いて測定を行います．誘電体の表面を流れる電流を測定するには (a) のように接続を行い，誘電体内部を流れる電流を測定するには (b) の体積電流測定回路のように接続を行います．

いま，時間 $t = 0$ において直流電圧を印加したとき，**図 4.4** に示すように電流は時間とともに減少し，一定値に落ち着きます．ここで電流は瞬時**充電電流**（I_{sp}），**吸収電流**（I_{a}）および**漏れ電流**（I_{d}）の 3 つに区分することができます．

瞬時充電電流は電極や構造体によって構成される静電容量および対地浮遊容量などを充電する際に流れる電流です．充電電流に引き続き指数関数的減衰変化を行っている部分は吸収電流と呼ばれ，固体誘電体が誘電分極（配向分極，界面分極，空間電離分極）する際に流れます．吸収電流は，絶縁体の種類や大気条件によって，数十分から数時間もの長い時間流れることがあります．漏れ電流 I_{d} は絶縁抵抗に関係する成分で，材料の絶縁性能と深く関わりを持ちます．印加電圧が一定のとき，漏れ電流 I_{d} の大きさは，温度の上昇につれて増加します．

この場合の電流 I と温度 T との関係は，アレニウスの式に従って式 (4.6) のように表現できます．なお，E_{a} は活性化エネルギー，T は絶対温度，k_{B} はボルツマン定数です．

$$I \propto \exp\left(-\frac{E_{\mathrm{a}}}{k_{\mathrm{B}}T}\right) \tag{4.6}$$

ここで絶縁材料の温度を一定にして印加電圧を増加させたときの電圧–電流特性は**図 4.5** に示すように 3 つの領域に分けることができます．

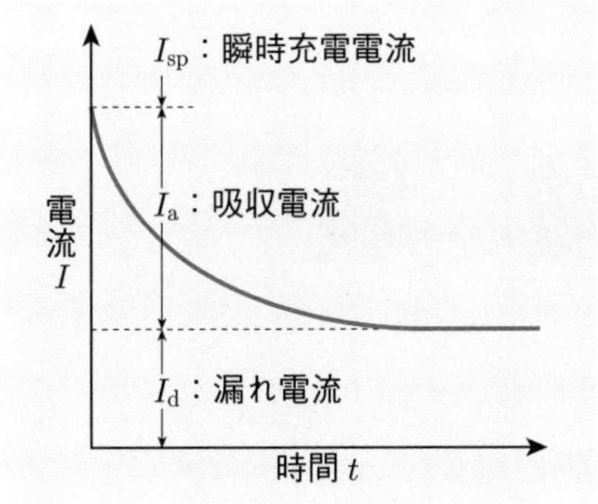

図 4.4　固体誘電体の電流時間特性

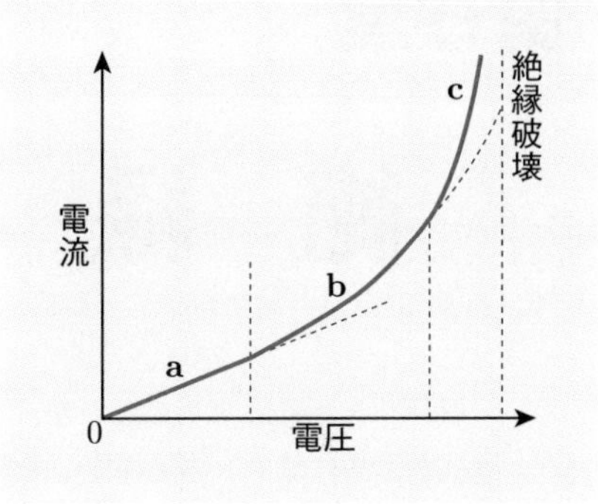

図 4.5　固体誘電体の電圧–電流特性

a の領域は電流が印加電圧に比例して増加する低電界電気伝導領域で，オームの法則が成立する領域です．つぎに b の領域は，高電界電気伝導領域で，電流が指数関数的に増加します．さらに電圧を増加すると領域 c のように破壊前電流に向けてさらに電流が増加します．

4章の演習問題

□ **4.1**　固体絶縁材料の劣化に関する記述として，誤っているのはつぎのうちどれか．

(1)　膨張，収縮による機械的な繰り返しひずみの発生が，劣化の原因となる場合がある．

(2)　固体絶縁物内部の微小空隙で高電圧印加時のボイド放電が発生すると，劣化の原因となる．

(3)　水分は CV ケーブルの水トリー劣化の主原因である．

(4)　硫黄などの化学物質は，固体絶縁材料の変質を引き起こす．

(5)　部分放電劣化は，絶縁体外表面のみに発生する．

（電験三種）

第5章

絶　縁　破　壊

絶縁体にかかる電場の強さが，その絶縁体固有のある値を超えたとき，電気抵抗が急激に減少して絶縁体に大電流が流れます．これを絶縁破壊といいます．絶縁破壊は，先に学習した気体，液体，固体およびこれらの組合せからなる複合誘電体によって起こりますが，その要因や現象は様々な知見が必要となります．

本章では，前章までに学んだ各種絶縁体において，絶縁破壊が起きる条件や絶縁体の種類が複数にわたる複合絶縁体下の放電などについて学習します．

5.1　絶縁破壊の強さ

絶縁体の両端に電極を設置してその電極間に電圧を印加するとき，絶縁体には電界が生じます．印加電圧がある限度値を超えたとき，絶縁体が電気的に破壊され絶縁性を失って電流を流すようになります．この現象が**絶縁破壊**です．

このときの電圧値を絶縁破壊電圧といいます．また絶縁体が絶縁破壊を起こさない最大値を**絶縁耐力**ともいいます．さらに，絶縁破壊電圧を絶縁体の厚さで除した値を**絶縁破壊強度**といいます．

絶縁耐力の値は物質に固有の値を持ち，その単位はkV/mmで示します．

表5.1に主な絶縁体の絶縁耐力の値を示します．

表5.1　主な絶縁体の絶縁耐力

物質名	絶縁耐力（kV/mm）	物質名	絶縁耐力（kV/mm）
空気	3.0	He	0.15
鉱油	10〜15	H_2O	65〜70
生ゴム	10〜20	ポリエチレン	18〜28
紙ベーク	20〜27	石英ガラス	20〜40

5.2　絶縁破壊に与える要因

印加上昇速度

電圧の**印加上昇速度**は，絶縁破壊に大きな影響を与えます．JIS C 2101:2010「電気絶縁油試験方法」では，商用周波における絶縁破壊電圧試験においては毎秒約 3 kV の割合で電圧を上昇させるように規定しています．

これよりゆっくりと上昇させると絶縁破壊電圧は低くなり，早く上昇させると絶縁破壊電圧は高くなるため，正確な上昇率の制御が必要になります．

印　加　時　間

絶縁破壊を起こさない程度の電圧を絶縁体に印加するとき，当該電圧を長時間印加し続けると絶縁破壊を生じることがあります．

3 章の演習問題でも出てきたように，イギリスの物理学者ホワイトヘッドは，印加時間と絶縁破壊電圧について，電圧の印加時間を長くすると絶縁破壊電圧が低下することを実験的に明らかにしました．この曲線は電圧–時間曲線（v–t 曲線）とも呼ばれ，現在では機器の特性を確認するための重要な曲線として用いられます．

つぎに，供試物に印加する雷インパルス電圧の波形を一定に保った状況で，波高値を変化させたとき，電圧が高いときには短時間で裁断が生じ，電圧が低いときには裁断までの時間は長くなります．このとき，絶縁破壊した電圧波高値と，裁断までの時間との関係を表した曲線を**雷インパルス電圧–時間曲線**と呼びます．

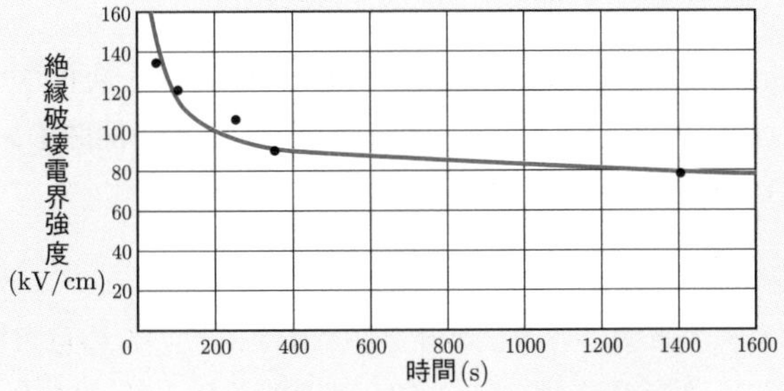

図 5.1　ホワイトヘッドの電圧–時間曲線

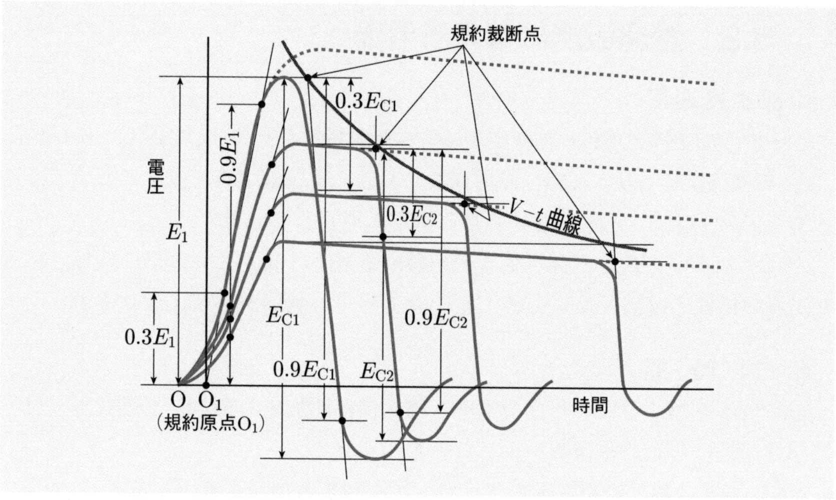

図 5.2 雷インパルス電圧–時間曲線

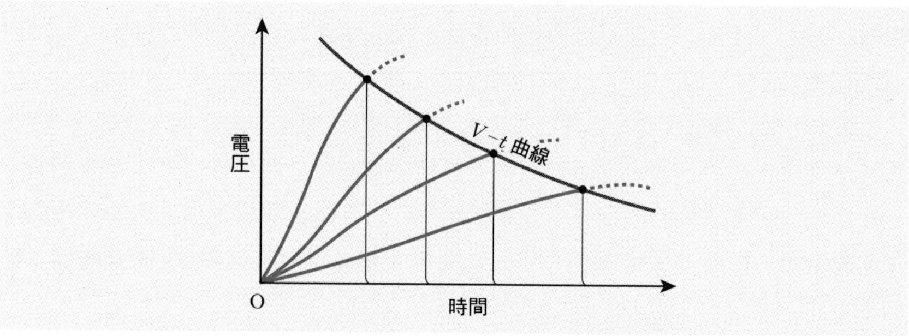

図 5.3 開閉インパルス電圧–時間曲線

また，供試物に印加する開閉インパルス電圧の波頭長を変化させて，50% 破壊放電電波高点までの時間（T_p）との関係を表した曲線を**開閉インパルス電圧–波頭長曲線**（V–T_p）曲線と呼びます．

電 極

電極の形状も絶縁破壊に大きな影響を与えます．そのため電力機器は，電界が集中しないような電極を用い，高電圧が印加される部分には，**シールド電極**を用い，コロナ放電が発生しないような工夫が施されています．図 5.4 は，汎用基準分圧器の頂部に取り付けられているシールドリングです．分圧器の高さは 2530 mm で，定格電圧は 600 kV，シールドリング径は直径 560 mm，リングのパイプ径は 75 mm です．

絶縁体の両端に電極を設ける場合，両端の電極形状には考慮が必要になります．電極形状を球対球とすると，絶縁体との接触面から絶縁体の表面に沿ってコロナ放電が生じやすくなります．また電極形状を平板電極とした場合，電極の面積が大きくなるほど絶縁破壊の電圧が低下します．

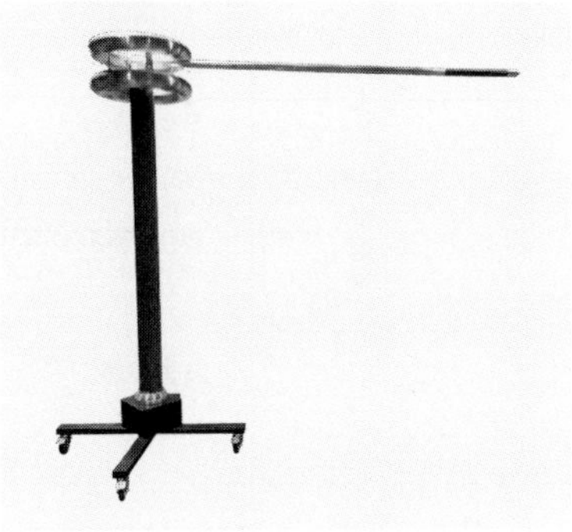

図 5.4　シールド電極の例（HIGHVOLT 製基準分圧器）

周　囲　環　境

周囲の環境も絶縁破壊に大きな影響を与えます．IEC 60060-1 では，放電電圧には温度，湿度および気圧が影響を与えるため，**標準大気状態**（1 気圧，20°C，11 g/m^3）における補正方法を規定しています．温度の影響はわずかですが，温度の上昇に伴い熱で励起した電子やイオンによって熱励起電子電流や熱活性化イオン電流が流れるため絶縁耐力は低下します．また，紫外線による劣化も絶縁耐力の低下の原因となります．

湿度については，冬の乾燥時では絶縁耐力は低くなります．また，梅雨や夏季の高湿時には誘電体が水分を吸湿して絶縁耐力が低下します．図 5.5 は，標準球ギャップの放電電圧の標準大気状態に換算した絶対湿度に対する実測値の変化を示したものです．

【注】 20 g/m^3 を超える湿度領域は日本独特の気候における値であって，ヨーロッパではこのような湿度になることはほとんどありえないため，IEC はこの領域の補正について要求していません．日本からはいくどとなく補正するよう要求していますが，未だ採用されていません．さらに冬季の低湿度領域も日本独特の値です．この領域における補正もヨーロッパでは必要ないため，考慮されていない状況にあります．

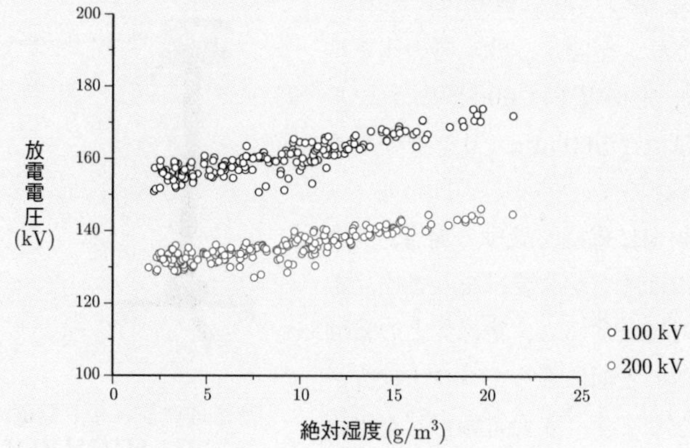

図 5.5　湿度による放電電圧の変化

電 子 破 壊 説

液体中で電子による衝突電離が繰り返し発生し，γ 作用による電子の増倍により絶縁破壊を引き起こすという考え方が**電子破壊説**です．

電子が衝突電離を起こしているという証拠を示すことは，液体分子の分子量が気体と比較すると大きく困難ですが，破壊放電が生じる前に光が放出されているという実験報告もあります．

気 泡 破 壊 説

高電界下において生成された気泡が成長していき，この気泡内で気中放電が生じて絶縁破壊されるという考え方が**気泡破壊説**です．気泡の生成や成長はつぎの原因が考えられています．

- 電子電流によって加熱された液体が気化する
- 電子が電界により加速され液体分子に衝突して気体を発生させる
- 気泡が電極表面に生じた際に気泡表面に蓄積した電荷の静電反発力が液体の表面張力より大きい場合は気泡が成長する

電子破壊説と気泡破壊説のどちらが正しいかは十分には明らかにされていませんが，現在では低電圧長時間の帯電の場合には気泡破壊が，また短パルス状電圧を印加した場合には電子破壊が生じるとされています．

固体誘電体の絶縁破壊

絶縁材料に印加する電界の増加とともに，誘電体を流れる電流は非直線的に増加していきます．電流値がある電界値を超えると急激に電流が増加して電気絶縁性を失い良導体のようになり絶縁破壊を生じます．

絶縁破壊によって注入した大きな電気的エネルギーのため誘電体は焼損して固体の構造が破壊されます．なお，気体絶縁の場合には，電界印加の停止とともに絶縁は回復し，このような特性を**自復性絶縁**と呼びます．しかし多くの固体絶縁の場合，絶縁に自復性がなく，つぎに電界を印加した際には低い電界値で絶縁破壊を起こしてしまいます．このような絶縁が回復しない絶縁特性を**非自復性絶縁**と呼びます．

絶縁破壊強度は材料によって異なり，絶縁材料にはそれぞれ固有の絶縁破壊強度を持ちます．実験でこれを求める場合には，試料の厚さ，電圧の種類および周囲媒質などの要因で変化します．

厚さ d の固体誘電体の絶縁破壊電圧 V_{s} は，

$$V_{\mathrm{s}} = Ad^{n} \tag{5.1}$$

のように表せます．

ここで A および n は固体に依存する定数であり，n の値は 0.3 程度から 1 以下の値をとります．また d が増加すると厚み効果と呼ばれる特性のため破壊電界強度は減少します．

5.3　複合誘電体中の絶縁破壊

5.3.1　複合誘電体の性質

気中絶縁と油中絶縁を組み合わせた絶縁や，異なる誘電率を持つ固体誘電体を重ね合わせた絶縁体を**複合誘電体**といいます．高電圧機器では，固体誘電体と液体誘電体の複合誘電体である油浸紙絶縁，固体誘電体と気体誘電体の複合誘電体であるスペーサを有する SF_6 ガス絶縁システムなどがあげられます．

複合誘電体のように 2 種類以上の異なる誘電体を使用する場合，構成するそれぞれの誘電体の誘電率 ε や絶縁耐力が異なることから，特有の放電現象が生じます．

いま，図 5.6 のように均一な電界下に 2 層の誘電体をおいて，それぞれの厚さを d_1, d_2, 誘電率を ε_1, ε_2 として，交流電圧を印加するとき，印加電圧の大きさを V としたときの各層に加わる電界強度 E_1, E_2 の大きさは，

$$E_1 = \frac{\varepsilon_2}{\varepsilon_1 d_2 + \varepsilon_2 d_1} V, \tag{5.2}$$

$$E_2 = \frac{\varepsilon_1}{\varepsilon_1 d_2 + \varepsilon_2 d_1} V \tag{5.3}$$

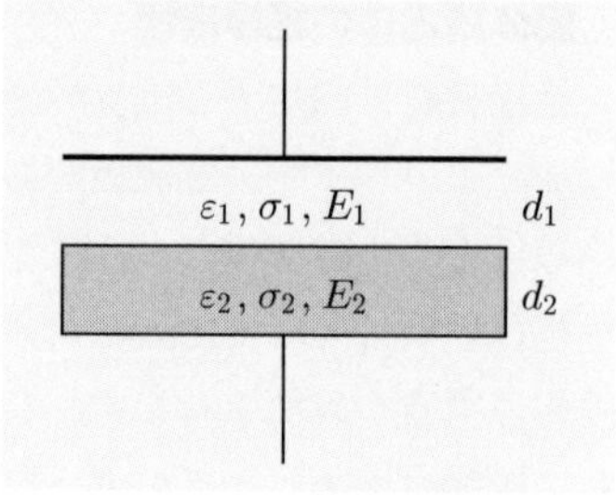

図 5.6　複合誘電体

となります．ここで，両層の絶縁破壊強度を E_{s1} および E_{s2} とすると，

$$\varepsilon_1 E_{s1} < \varepsilon_2 E_{s2} \tag{5.4}$$

であるとき，電束密度の小さい添字が 1 の層から絶縁破壊を起こします．

つぎに直流電圧を印加する場合を考えましょう．電圧を印加した直後は式 (5.2) および式 (5.3) の大きさの電界が加わりますが，定常状態になると各層の電界は次式で表せます．

$$E_1 = \frac{\sigma_2}{\sigma_1 d_2 + \sigma_2 d_1} V, \tag{5.5}$$

$$E_2 = \frac{\sigma_1}{\sigma_1 d_2 + \sigma_2 d_1} V \tag{5.6}$$

ここで σ_1, σ_2 はそれぞれの誘電体層の導電率を示します．

また，式 (5.4) と同様に

$$\sigma_1 E_{s1} < \sigma_2 E_{s2} \tag{5.7}$$

であるとき，電束密度の小さい添字が 1 の層から絶縁破壊を起こします．

5.3.2 ボイド放電

固体誘電体の中は均質であることが望ましいですが，製造工程等で微小な空間ができる場合があります．この空間をボイドといいます．

ボイドは固体誘電体の部分と比較して電界強度が高く，絶縁耐力が低くなり，高電圧の印加時にはボイド部が絶縁破壊を起こして，放電に至るケースが多くなります．このようなボイド部分で生じる放電を**ボイド放電**と呼び，この放電によって固体誘電体の健全な部分が損傷したり，化学反応を生じることによってボイド周囲の絶縁物を劣化させる原因となります．

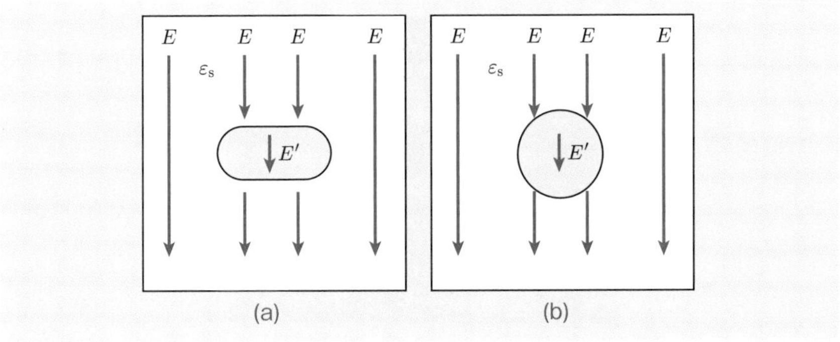

図 5.7　単純な形のボイドによる複合誘電体

ボイドはその生成過程において様々な形状をとります．ボイド中の電界の大きさは固体の比誘電率を ε_s とすると，図 5.7(a) のような偏平型薄層ボイドの場合には，

$$E_1 = \varepsilon_{\mathrm{s}} E \tag{5.8}$$

で表せ，また(b) のような球形ボイドの場合には，

$$E_1 = \frac{3E}{2 + \frac{1}{\varepsilon_{\mathrm{s}}}} \tag{5.9}$$

と表すことができます．

5.3.3 沿 面 放 電

固体誘電体と空気間など，異なる誘電体が接する界面に沿って生ずる放電を**沿面放電**といいます．特に，送電線上に過電圧が印加されたときに，がいし表面を過電圧が沿面放電することがあります．がいしは自復性絶縁であるため，がいし表面は傷付きません．このような放電を沿面フラッシオーバといいます．下の QR コードからガラス面に生ずるコロナ放電が沿面放電に展開していく実験を見てみましょう．

図 5.8 沿面放電の例

また，固体表面が高湿のため吸湿したり塩塵などにより汚損していた場合に，表面部に電流が流れることがあります．この電流により固体の電界分布が不均一となって局所的な微小放電が生じます．この放電により生じた熱が固体の一部を炭化し，さらに電界が集中して炭化部は徐々に広がります．この炭化部が絶縁距離を縮めていき全路破壊を起こすことがあります．このように絶縁体表面を変質するような放電現象をトラッキング現象といいます．

5章の演習問題

□ **5.1** 絶縁体の絶縁破壊には，電気が直接破壊に起因するものと熱が絶縁破壊に起因するものがあるが，それぞれについて調べよ．

□ **5.2** トラッキングの生成過程について説明せよ．

□ **5.3** 電気絶縁材料に関する記述として，誤っているものをつぎの (1)～(5) のうちから1つ選べ．

(1) 直射日光により，絶縁物の劣化が生じる場合がある．
(2) 多くの絶縁材料は温度が高いほど，絶縁強度の低下や誘電損の増加が生じる．
(3) 絶縁材料中の水分が少ないほど，絶縁強度は低くなる傾向がある．
(4) 電界や熱が長時間加わることで，絶縁強度は低下する傾向がある．
(5) 部分放電は，絶縁物劣化の一要因である．

（電験三種）

□ **5.4** つぎの文章は，がいしの塩害とその対策に関する記述である．

風雨などによってがいし表面に塩分が付着すると，（ア）が発生することがあり，可聴雑音や電波障害，フラッシオーバの原因となる．これをがいしの塩害という．がいしの塩害対策は，塩害の少ない送電ルートの選定，がいしの絶縁強化，がいしの洗浄，がいし表面への（イ）性物質の塗布があげられる．懸垂がいしにおいて，絶縁強化を図るには，がいしを（ウ）に連結する個数を増やす方法や，がいしの表面漏れ距離を（エ）する方法が用いられる．また，懸垂がいしと異なり，棒状磁器の両端に連結用金具を取り付けた形状の（オ）がいしは，雨洗効果が高く，塩害に対し絶縁性が高い．

上記の記述中の空白箇所（ア）～（オ）に当てはまる組合せとして，正しいものをつぎの (1)～(5) のうちから1つ選べ．

	（ア）	（イ）	（ウ）	（エ）	（オ）
(1)	漏れ電流	はっ水	直列	長く	長幹
(2)	過電圧	吸湿	直列	短く	ピン
(3)	漏れ電流	吸湿	並列	短く	長幹
(4)	過電圧	はっ水	並列	長く	長幹
(5)	漏れ電流	はっ水	直列	短く	ピン

第6章

雷過電圧

筆者の子供の頃，雷がゴロゴロ鳴るとカミナリ様におへそをとられるという話を聞かされました．雷は雨雲である積乱雲の発達に伴って，上昇気流が巻き上げる氷や水の粒の衝突によって生じる静電気が大規模に蓄電したものです．雷はたいてい雨を伴いますが，下校時に夏の夕立に当たってびっしょりと濡れて家まで帰ったのも１度や２度ではありません．身体は冷え切って，よく腹痛を起こしたものです．「おへそをとられる」のは，ここからきているのかもしれません．

現代のディジタル社会ではあってはいけませんが，雷によってよく停電も起こりました．夕方暗くなってろうそくの灯でテーブルを囲んで夕食をとることも昭和世代には懐かしい思い出です．

さて本章では，この雷について電気的な防護の面から考察してみましょう．

6.1　雷過電圧の発生メカニズム

6.1.1　雷雲の発生

雷雲の代表格である積乱雲は入道雲とも呼ばれ，大気が不安定な状態にあるときによく発生します．たとえば夏の強い日射によって地表面が温められると，付近の空気も熱せられて上昇気流が発生します．その上昇気流は水蒸気を含んでいて，気圧が低い上空に達すると水蒸気は断熱膨張を行います．この膨張の際に水蒸気は潜熱を放出して温度を下げ，飽和量を超えた水蒸気は水へと変化します．この水によって積乱雲が形成されます．

断熱膨張した積乱雲中の空気は，周囲の空気よりもまだ温かい場合にはさらに上昇を続けて行って，積乱雲はさらに発達を続けます．このときの上昇気流の速度は数十 cm/s から数 m/s であって，雲の中では水の粒や氷の粒が混在している状態です．

積乱雲の大きさは数 km から十数 km であり，その高さも十数 km に達するものもあるといわれています．また温度は最上部で -20°C よりも低くなり，雲中では氷晶，あられおよび雨粒が混在しています．

雷雲は上記のように上昇気流によるもののほか，前線など寒気団と暖気団とがぶつかり合う場所で生じる場合や，低気圧の中心付近などの上昇気流が発生する場所で生じます．

図 6.1　積乱雲

6.1.2 雷の発生

積乱雲の中では上昇気流に乗った水蒸気が氷晶となって，それらがぶつかり合って静電気が生じ雪やあられを構成します．それにより雲の上部には正電荷に帯電した氷晶が，また雲の下部にも正電荷に帯電した雨やあられが，そして中層には負電荷に帯電した雪やあられが分布します．雲の発達に伴って，正負に帯電した粒子間で放電が生じます．これを雲（内）放電といいます．

正電荷に帯電した雨は地表に降り注ぎ，雲の下部は負に帯電した層が現れます．またこれに伴って地表は正に帯電します．このとき，雲と地表の間で放電が生じますが，これが雷と呼ばれるものの正体です．

6.1.3 雷サージの発生

直撃雷

雷の発生によって電力線や通信線に直接落雷して電気・電子機器に短時間印加される異常な電圧電流のことを**雷サージ**といいます．建築物や電線などへの**直撃雷**は非常に大きな雷サージ電流が流れるため，建築物や電気設備に大きな被害を与えますが比較的局所的な被害となります．送電線に落雷し，高電圧が線路に重畳すると，がいし間でスパークオーバが生じます．また，架空地線や鉄塔に落雷すると送電線に過電圧が生じます．これを**逆フラッシオーバ**といいます．ビルの屋上などでは避雷針等で直撃雷を接地へと導いている例もあります．

誘 導 雷

直撃雷による雷サージのほかにも，落雷によって流れる電流が送配電線や通信線近傍の電磁界を急変させることによって，電力線や通信線に電圧が誘導されることによって発生する雷サージもあります．雷雲が送電線に近づいてくると静電誘導によって送電線に雷雲とは逆極性が誘起されることがあります．ここで雷雲が放電したとき，送電線路上に誘起された電荷は線路上を伝搬していくこととなります．これを**誘導雷**といいます．誘導雷サージは電力線や通信線を通って電気機器に侵入して，数 km 先に設置されている機器を損傷させることがあります．たとえ避雷針を用いている建築物でさえも，誘導雷のために建物中の電気機器に損害を与えられることもあります．

逆 流 雷

建物の避雷針などに落雷した場合，接地電位が一時的に上昇します．これによって近傍の接地されている他の機器の接地電位も上昇して，これらの機器に電流が流れ出るような現象が生じます．これを**逆流雷サージ**と呼んでいます．

6.2 雷サージに対する保護

雷サージから電気機器を保護するためには，サージ保護デバイス（Surge Protective Device，SPD，**避雷器**）と呼ばれるデバイスまたは耐雷トランスと呼ばれる変圧器が用いられています．直撃雷の場合，エネルギーが大きいため複数のサージ保護デバイスで分散して対応する場合があります．誘導雷から保護するために，最近では SPD 付 OA タップなどコンセントと電気機器との間に挿入して使われるデバイスなどがあります．

6.2.1 気中保護ギャップ

気中保護ギャップは最も簡便なサージ保護デバイスになります．図 6.3 のように，①送配電線と接地間に気中ギャップを接続し，運転電圧では放電しない

図 6.2　**SPD 付 OA** タップの例

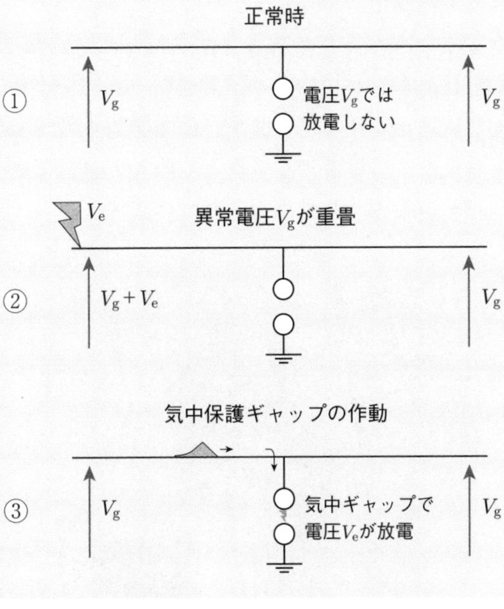

図 6.3　気中保護ギャップ

ような適切なギャップ長に調整しておきます．②雷サージが線路上に重畳すると，③気中ギャップに放電が生じて雷サージが対地間に流れるようになります．

そしてこれによって雷サージから保護することができますが，このときギャップ間のアークが途切れて続流が流れなくなるまで地絡が連続的に起きてしまいます.

6.2.2 アレスタ

続流を阻止する目的で，非線形抵抗をギャップと直列に接続した装置を**ギャップ付きアレスタ**と呼びます．**アレスタ**のひとつである炭化ケイ素（SiC）は，運転電圧ではほとんど電流が流れない高抵抗ですが，雷サージなどのような異常電圧が印加され，制限電圧と呼ばれる避雷器が放電を開始する電圧を超えると抵抗値が小さくなり，大電流が流れるような特性を持っています.

運転電圧では，ギャップによってSiCには電圧がかかっていませんが，雷サージが線路上に重畳すると，気中ギャップに放電が生じSiCに電流が流れ，雷サージが対地間に流れます．過電圧の減少とともにSiCの抵抗値は回復して，ギャップのアークも消滅して絶縁が回復します.

SiCは常に電圧を印加することができませんでしたが，電圧–電流特性が極めて良好な酸化亜鉛（ZnO）を用いると，気中ギャップが不要となります．これを**ギャップレスアレスタ**と呼んでいます．放電電流も数十kAと大きく，続流を遮断する性能もギャップ付きアレスタと比較して良好であるため，現在はギャップレスアレスタが主流として用いられています.

図6.4 アレスタ

例題 6.1

つぎの文章は，避雷器に関する記述である．（ア）～（オ）に適切な語句を入れよ．

避雷器は，雷または回路の開閉などに起因する過電圧の（ア）がある値を超えた場合，放電により過電圧を抑制して，電気施設の絶縁を保護する装置である．特性要素としては（イ）が広く用いられ，その（ウ）の抵抗特性により，過電圧に伴う電流のみを大地に放電させ，放電後は（エ）を遮断することができる．発変電所用避雷器では，（イ）の優れた電圧–電流特性を利用し，放電耐量が大きく，放電遅れのない（オ）避雷器が主に使用されている．

（電験三種改）

【解答】（ア）波高値，（イ）ZnO，（ウ）非線形，（エ）続流，（オ）ギャップレス ■

6.2.3 バ リ ス タ

バリスタは簡易的に雷サージから電気機器を保護する目的で用いられ，現在はアレスタと同様に ZnO が多く使用されています．アレスタが対地間に接続されるのに対して，バリスタは回路に並列に接続して使用します．通常時は高抵抗の素子のため電気を流しませんが，雷サージが到達した瞬間だけ電気抵抗が低くなって電路が短絡状態になり雷サージが機器に到達しません．

小規模な雷サージであれば保護できる可能性が高くなりますが，近くの場所で落雷するなどして大電流が流れた場合には性能劣化を生じます．

例題 6.2

バリスタの電圧–電流特性を示せ．

【解答】 バリスタは制限電圧以内では電流がほとんど流れず高抵抗を示し，制限電圧を超えると大きな電流が流れて過電圧を通します．この関係を図示したものが右の図になります． ■

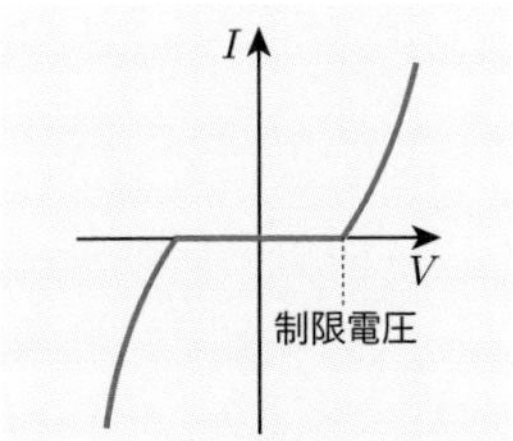

図 6.5　バリスタの電圧–電流特性

6.2.4 耐雷トランス

絶縁トランスは，1次側と2次側が電気的に絶縁された変圧器（トランス）で，主に商用周波付近の低周波コモンモードノイズを減少させる目的で用いられるトランスです．これにより，漏電等の事故が防止できるようになりますが，高周波ノイズは2次側へ伝導することがあります．そのため，絶縁トランスのコイル間に静電遮へい板を設けて，1次側に重畳した高周波ノイズが2次側に伝搬することを防止させるようにしたものをシールドトランスといいます．

耐雷トランスは，このような1次側と2次側が絶縁されたトランスにサージ保護デバイスを組み合わせて雷サージを抑制するトランスです．図6.6は耐雷トランスの例で，容量は100 VA，入力側にSPDが，出力側にラインフィルタが接続されています．

図6.6 耐雷トランス

6.3　サージとインパルス

雷サージは雷の発生によって電力線や通信線に直接落雷して電気・電子機器に短時間印加される異常な電圧電流のことでした．これによって様々な電気機器に障害や損傷を与えるため，機器の設計時には耐雷設計が必要となって，さらにその設計の有効性を確認するための試験が必要になります．

雷インパルス電圧は，雷サージを模擬した電圧で，耐雷設計の有効性を確認するために実施する電気機器に対する性能試験の際に用いられます．またその形状は単極性パルス電圧で，立ち上がり時間にすると数 μs，立ち下がり時間は数十から数百 μs 程度の現象ですが，波頭長，波尾長など独自のパラメータが規定されています．

インパルス電圧には波形を定量的に示すために，IEC 60060-1:2010 や JEC-0203 で**図 6.7** に示すように規定されています．

電圧の最大値は**波高値** V_p として，また時間パラメータは**波頭長**（JEC では**規約波頭長**）T_1，**半波高値までの時間**（JEC では**規約波尾長**）T_2 を，開閉インパルス電圧の場合には**波高点までの時間** T_p と**半波高点までの時間** T_2 の波形を定義しています．時間パラメータは，以下の方法で算出します．雷インパルス電圧の場合には波高値の 30% の電圧に達する点（30% 波高点）と 90% に達する点（90% 波高点）を求め直線で結びます．これが時間軸（電圧 0 V）と交

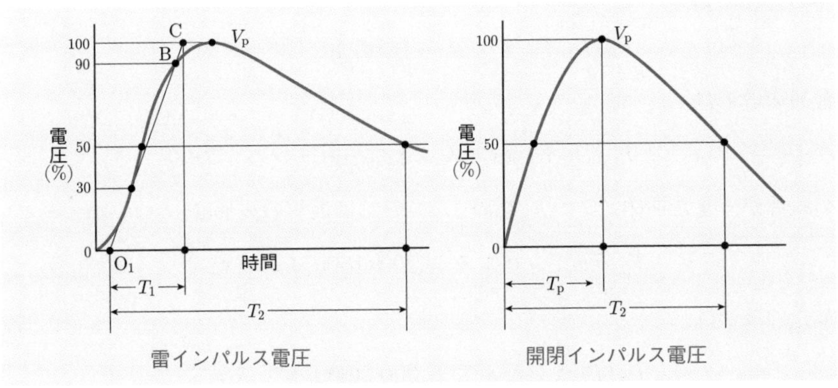

図 6.7　インパルス電圧

わる点を規約原点 O_1 とします．この直線を逆方向に伸ばしたとき，波高値と同じ電圧に達する点（C 点）と規約原点 O_1 の間の時間が規約波頭長です．

さらに立ち下がりの 50% 波高点と規約原点との間が規約波尾長です．開閉インパルス電圧の場合には，現象の開始点（原点）が比較的測定しやすいことから，実際の原点 O から波高点（ピーク点）までの時間が定義されています．規約波頭長 T_1，規約波尾長 T_2 のインパルス電圧波形を表現する場合，IEC 規格では

$$T_1/T_2 \text{ impulse}$$

のように，また JIS 規格，JEC 規格ではそれぞれ

$$T_1/T_2 \text{ インパルス}$$

と表すように規定しています．また標準波形として，

$$\text{標準雷インパルス電圧：} \quad T_1/T_2 \text{ インパルス} = 1.2/50 \text{ インパルス}$$
$$\text{標準開閉インパルス電圧：} \quad T_p/T_2 \text{ インパルス} = 250/2500 \text{ インパルス}$$

の大きさが規定されていますが，これらの標準波形は正確に発生することが比較的困難であることから雷インパルス電圧は波頭については 30%，波尾については 20% の裕度が，また開閉インパルス電圧については波頭については 20%，波尾については 60% の裕度が認められています．そのため， 雷インパルス電圧については最短の波形は

$$T_1/T_2 \text{ インパルス} = 0.84/40 \text{ インパルス}$$

最長の波形は

$$T_1/T_2 \text{ インパルス} = 1.56/60 \text{ インパルス}$$

の範囲が，また開閉インパルス電圧については最短の波形は

$$T_p/T_2 \text{ インパルス} = 200/1000 \text{ インパルス}$$

最長の波形は

$$T_p/T_2 \text{ インパルス} = 300/4000 \text{ インパルス}$$

の範囲が標準波形として扱われます．また，先に述べた波高値については 3%

の裕度が認められています．

図 6.7 に示すように，立ち上がりから立ち下がりまで電圧が連続しているものを全波インパルス電圧と呼びます．いっぽう，現象の途中で対地放電が起こり，急激に電圧がゼロになるものを**裁断波インパルス電圧**と呼びます．裁断波は図 6.8 に示すように裁断までの時間 T_c が定義されます．また，最大値に達する前に裁断するものを波頭裁断波，最大値に達した後に裁断するものを波尾裁断波と呼びます．

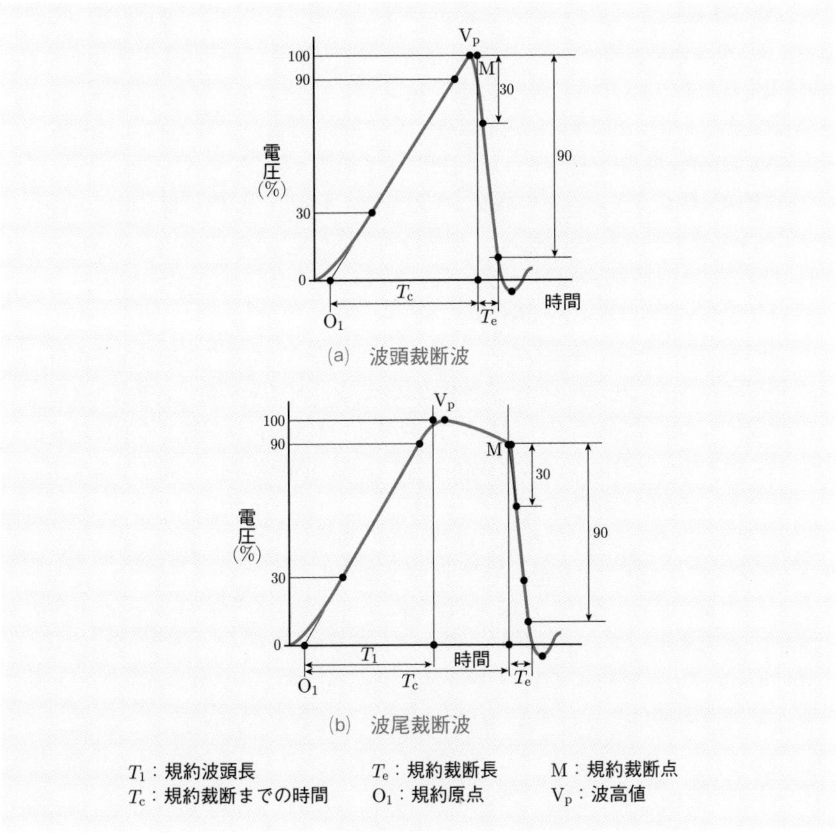

図 6.8　裁断波インパルス電圧

6章の演習問題

□ **6.1** IEC 規格では，開閉インパルス電圧の波形パラメータの定義について，雷インパルス電圧と同様の定義に変更することを審議している．現在の標準開閉インパルス 250/2500 impulse の波頭長はいくらになるか検討せよ．

□ **6.2** つぎの文章は，雷過電圧とその試験法に関する記述である．文中の[ ]に当てはまる最も適切なものを解答群の中から選べ．

送電線に発生する雷過電圧の原因としては，雷遮へい失敗により電力線への[1]や，鉄塔あるいは架空地線に落雷が発生し鉄塔と電力線との電位差で生じる[2]によるものがある．このほかに，[3]による雷過電圧があり，雷雲から反対極性の電荷が送電線路に誘起され，雷雲の放電に伴い，送電線路上の電荷は拘束を解かれ，[4]となって線路上を伝搬する．
送電線に現れる雷過電圧の波形は千差万別であるが，試験規格においては[5]の波形を一義的に統一し，標準波形と称している．標準波形は JEC-0203:2022「高電圧試験一般」に規定されており，正，負の極性とも[6]は 1.2 μs，[7]は 50 μs が採用されている．[5]においては，高電圧のインパルス電圧を発生させるため，一般に多段式のインパルス電圧発生器が用いられる．その方式の1つに，多数のコンデンサを並列状態で充電し，直列状態にして放電させるものがある．印加電圧の波形は，供試物との回路に直列に接続する[8]，並列に接続する[9]，波形調整用コンデンサおよびリアクトルによって調整する．

〔解答群〕 （イ）限流器，（ロ）波高点，（ハ）雷インパルス耐電圧試験，（ニ）誘導雷，（ホ）逆フラッシオーバ，（ヘ）地絡サージ，（ト）波頭しゅん度，（チ）制限電圧，（リ）直撃雷，（ヌ）接地抵抗，（ル）コロナ放電，（ヲ）大地雷撃密度，（ワ）開閉サージ，（カ）放電抵抗，（ヨ）波尾長，（タ）波頭長，（レ）振動波形，（ソ）進行波，（ツ）制動抵抗

（電験一種改）

第7章

交流および直流高電圧の発生

交流および直流高電圧は，その発生方法にひと工夫必要になります．高電圧とは1章でも述べたとおり，日本では750 V以上，国際規格では1000 V以上の電圧をいいますが，本書では断りのない限り，国際規格に準じた1000 V以上の電圧を高電圧と定義した説明を行います．高電圧の発生方法はいくつか種類がありますが，ほとんどの回路では低い電圧から徐々に電圧を上昇させて発生する方法がとられています．この章では，交流および直流高電圧を発生するために必要な基本的な回路構成について学習を行います．

7.1　交流高電圧の発生

7.1.1　試験用変圧器

交流高電圧を発生するためには**図7.1**に示すように**試験用変圧器**（testing transformer）を用いる方法が一般的に用いられています．試験用変圧器は電力用に用いる変圧器（power transformer）と比較して，次のような特徴があり

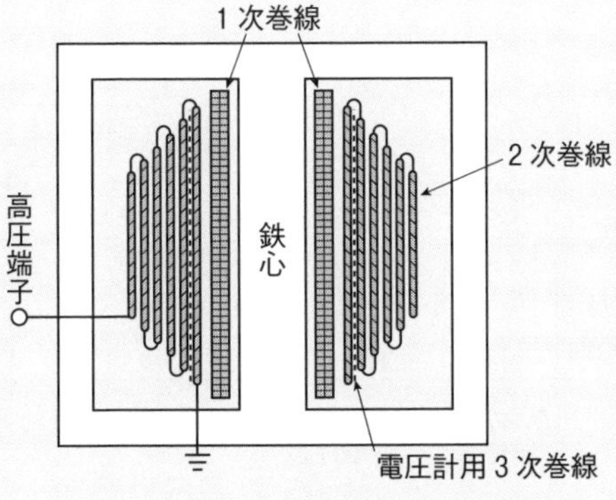

図7.1　試験用変圧器の構造

ます．

- 電力用変圧器の容量が数十 MVA～数 GVA であるのに対し，試験用変圧器は数百 kVA から数 MVA と小さい
- 単相である
- 2次側の一端を接地している
- 運転時間の定格も数十分から数時間程度と短い
- 電気絶縁を考慮した構造（内鉄型，油入絶縁）である

さらに試験用変圧器は，電圧が低い場合には図 7.2 に示すように 1 台の変圧器が用いられますが，電圧が高くなると後述するように縦続（カスケード）接続して高電圧を発生します．

試験回路を構成する機器には試験用変圧器のほかに，電源，誘導電圧調整器（Induction Voltage Regulator，IVR），保護抵抗（protective resistance）があります．発生した高電圧を測定するためには図 7.1 に示す 3 次巻線の出力電圧や，次章で述べるような測定器を用いて行います．電源は一般的には受電電源が用いられますが，ひずみ率を小さく抑える必要がある場合には正弦波発電機を用いることがあります．また電圧を制御するためには誘導電圧調整器が用いられます．さらに変圧器外部に保護抵抗を挿入することで，試験中に供試物が破損した際に生ずる短絡電流で試験用変圧器が破損することを防止します．

試験用変圧器の定格電圧は，供試物の試験電圧に対して 30～50% の余裕を持った値に，そして定格容量は次式で与えられる供試物の静電容量を考慮して決定します．

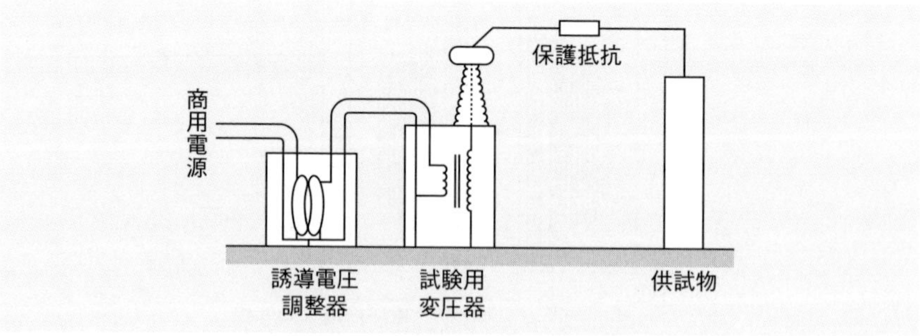

図 7.2　試験用変圧器の基本構成

$$W = VI = \omega CV^2 \tag{7.1}$$

変圧器の電圧波形は，漏れインピーダンスと供試物の静電容量と共振現象によってひずみが生じることがあります．そのため変圧器の巻数比以上の電圧を発生することがあります．

7.1.2　縦　続　接　続

試験用変圧器の発生電圧が高くなると，絶縁材料の必要量が急増して重量や大きさが増大します．そのため 500 kV 以上になる場合には高価になる 1 台の変圧器を用いるのではなく安価な 2〜3 台の変圧器を**縦続接続**しコストを抑えます．図 7.3 は 2 台の試験用変圧器 Tr_1, Tr_2 を用いて縦続接続したときの回路図です．縦続接続では 2 次巻線の一部を励磁巻線として 2 段目の変圧器を励磁します．図では試験用変圧器 Tr_1 の 2 次巻線 S_1 からタップを取り出して，それを試験用変圧器 Tr_2 の 1 次側巻線に接続しています．電圧 V [V] の電圧を発生するために同一タイプの絶縁変圧器を用いて n 段のカスケード接続をする場合には，試験用変圧器の絶縁電圧は各段あたり $\frac{1}{n}$ [V] に，m 段目の試験用変圧器の対地絶縁距離は $\frac{m-1}{n}$ [V] に耐えるように，また下段の絶縁変圧器の容量ほど大きくなるように設計します．

7.1.3　共振現象を利用した試験変圧器

供試物がケーブル, コンデンサ, ガス絶縁開閉装置（Gas Insulated Switchgear, GIS）など，大きな静電容量を持つ負荷の場合には，図 7.4 のように負荷 C と

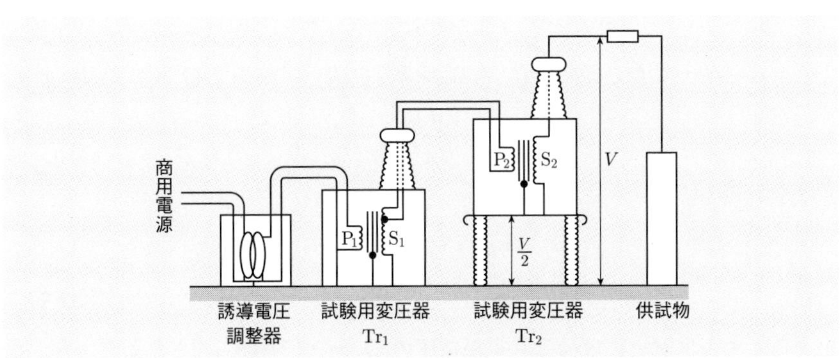

図 7.3　試験用変圧器の縦続接続

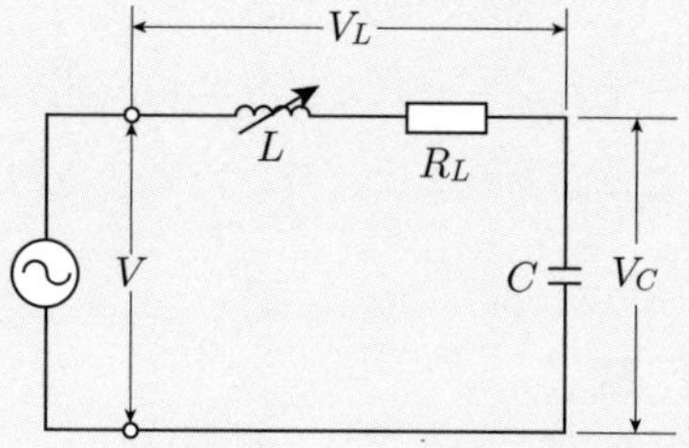

図 7.4　共振現象を利用した高電圧発生回路

直列に接続したリアクトル L で共振させて高電圧を発生する方法が用いられます．容量性負荷と直列に可変インダクタンスのリアクトルを挿入して，直列共振周波数を電源周波数と等しくなるように調整すると，L, C の共振条件は，

$$\omega L = \frac{1}{\omega C} \tag{7.2}$$

となります．つぎに試験用変圧器から入力電圧 V [V] を印加したとき，共振時にこの回路に流れる電流 I は，

$$I = \frac{V}{R_L} \tag{7.3}$$

となります．このとき，リアクトルにかかる電圧 V_L [V] および負荷にかかる電圧 V_C [V] はそれぞれ，

$$V_L = \frac{V}{R_L}(j\omega L + R_L), \tag{7.4}$$

$$V_C = -j\frac{V}{\omega C R_L} \tag{7.5}$$

で表されます．またここで，式 (7.2) の両辺を R_L で割って Q とおく，つまり，

$$Q = \frac{\omega L}{R_L} = \frac{1}{\omega C_R} \tag{7.6}$$

とすると式 (7.4) および式 (7.5) は，

$$V_L = (jQ + 1)V, \tag{7.7}$$

$$V_C = -jQV \tag{7.8}$$

となるため，供試物にはつまり電源電圧の Q 倍の電圧が印加されることがわかります．なお Q の値は 30〜70 程度の値が用いられています．共振型変圧器は

共振をとるため波形のひずみが少なく，供試物に絶縁破壊が生じた場合でも共振がずれるために急速に電圧が低下して短絡電流がリアクトルで制限されることや，装置が極端に大型にならずに高電圧を発生できることなどの特徴があります．

7.2　直流高電圧の発生

直流高電圧を発生する方法は，上記で述べたような方法でまず交流高電圧を発生して，それに整流回路を付加して直流電圧に変換することが一般的です．そのほかにも電荷を機械的に運搬して高電圧を発生する機能を持った静電発電機を用いる方法などがあります．

7.2.1　整　流　回　路

図 7.5 に基本的な**整流回路**を示します．交流電圧をダイオードなどの整流装置を用いて整流すると図 (b) の細い実線のような波形が得られます．これに平滑コンデンサを介するとコンデンサ C には変圧器からの供給電圧の最大値 V_{a} が充電されて直流電圧が得られます．ここで負荷 R を接続すると，コンデンサ C は R を通して放電を行うため，負荷 R の両端に生じる電圧 V_{d} は青い実線のような脈動（リプル）が生じます．ここで

$$f_R = 2\frac{V_{\mathrm{d1}} - V_{\mathrm{d2}}}{V_{\mathrm{d1}} + V_{\mathrm{d2}}} \tag{7.9}$$

を**リプル率**と呼びます．ここで V_{d1} と V_{d2} の平均値を V_{DC} で表し

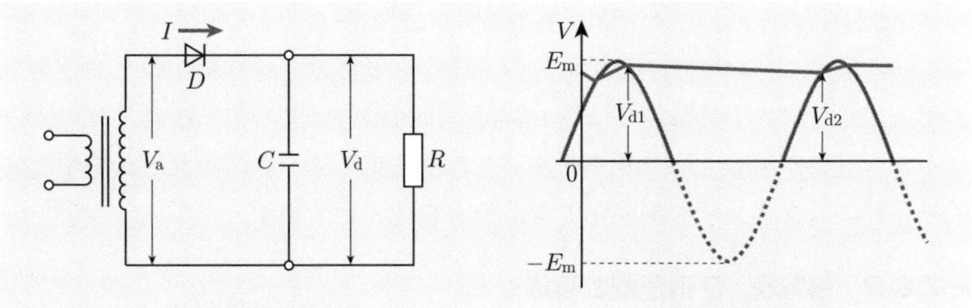

(a)　回路図　　(b)　出力電圧波形

図 7.5　基本的な整流回路

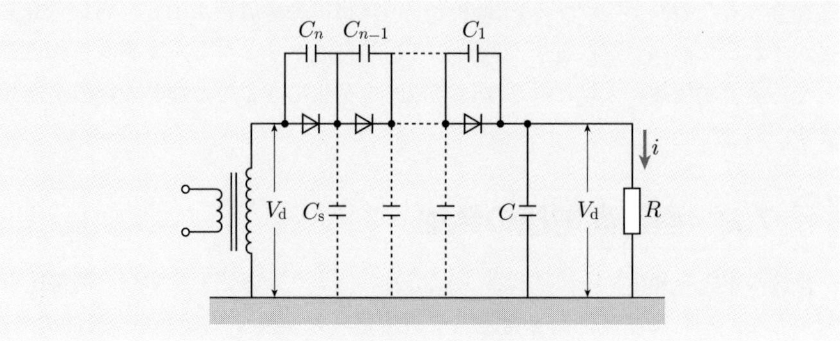

図 7.6　直列接続した整流素子

$$V_{DC} = \frac{V_{d1} - V_{d2}}{2} \tag{7.10}$$

とすると式 (7.9) は

$$V_{DC} = \frac{V_{d1} - V_{d2}}{V_{DC}} \tag{7.11}$$

で表されます．

V_{DC} は信号中の直流成分であり，つまりリプル率は直流成分に対する交流成分の割合を示しているにほかなりません．リプル率は直流電圧の品質を定義する重要なファクタの1つです．

整流器はシリコンダイオードに代表される半導体整流器が一般的に用いられていますが，古い機器ではケノトロンと呼ばれる高電圧用の2極真空管が用いられているものもあります．整流器は図 (b) の破線に示されるように最大で $2E_m$ の電圧が加わるため，この逆耐電圧に耐えることが必要となります．素子の耐電圧が不足する場合には，図 7.6 に示すように整流素子を直接接続して使用します．これらの素子においてはその特性のばらつきによって，それぞれの素子にかかる電圧が平等にはなりません．これを防止するためにそれぞれの整流素子と並列にコンデンサを接続して電圧分布を均一にします．

7.2.2　倍電圧，3倍圧整流回路

入力する交流電圧の値はそのままで，2倍の電圧値を持つ直流を発生することができます．図 7.7 はビラード回路と呼ばれる倍電圧整流回路を組んだ写真です．このような回路は図 7.8 に示すようにビラード回路のほかにもデロン–

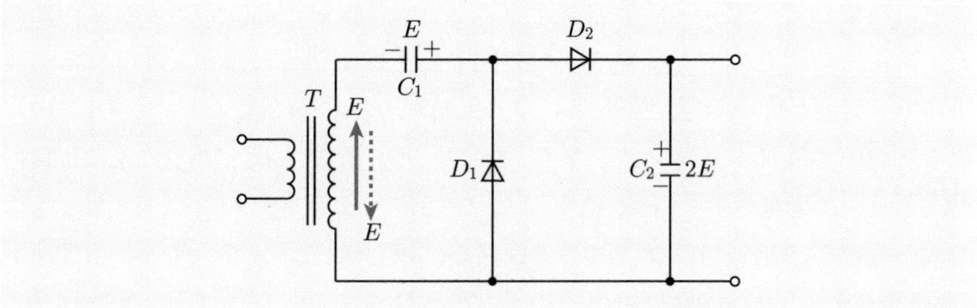

図 7.7　**倍電圧整流回路（ビラード回路）**

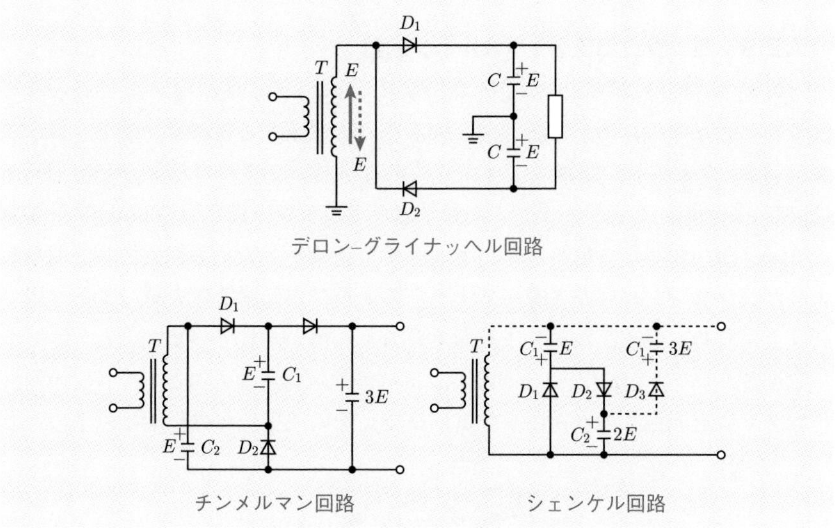

図 7.8　**倍電圧・3 倍電圧整流回路**

グライナッヘル回路，**チンメルマン回路**，**シェンケル回路**などと呼ばれる回路があります．デロン–グライナッヘル回路は，全波倍電圧整流回路とも呼ばれます．デロン–グライナッヘル回路の動作原理は，最初交流電圧の正側半波をダイオード D_1 が整流してコンデンサ C_1 に充電し，さらに負側半波は D_2 が整流して C_2 に充電します．

それぞれのコンデンサには電圧 E が充電されていますので，抵抗の両端には $2E$ の電圧が生じます．しかし直流出力の電位が交流電圧と異なるため，取り扱いに注意が必要です．同様の考え方で $3E$ の電圧を得ることができる回路がチンメルマン回路です．ビラード回路は半波倍電圧整流回路とも呼ばれる整流回路で，交流と直流の電位が同じになるため取り扱いが容易です．その動作は，まず負側の半波によりコンデンサ C_1 が電圧 E に充電されます．つぎに正側の半波と C_1 に充電された E が直列になり，$2E$ に充電されたコンデンサ C_2 の両端から電圧を出力されます．この回路を応用して，コンデンサとダイオードの段数を増加すれば段数倍の出力電圧が得られます．これはシェンケル回路と呼ばれ，図のような位置にダイオードとコンデンサを追加していけば，理論上はいくらでも昇圧可能な回路です．

7.2.3　コッククロフト–ウォルトン回路

シェンケル回路は理論上いくらでも昇圧可能な整流回路ですが，回路の最終段のコンデンサには出力電圧と同じ大きさの耐電圧が必要になります．**コッククロフト–ウォルトン回路**は，イギリスの科学者コッククロフト（John Douglas Cockcroft）とアイルランドの科学者ウォルトン（Ernest Thomas Sinton Walton）が 1932 年に粒子加速器用 800 V 直流電源のための回路として開発しました．シェンケル回路と違ってすべての素子に同じ耐電圧を持つ素子を用いればよいため，直流高電圧発生装置としてよく用いられています．

コッククロフト–ウォルトン回路は，高周波交流電圧を入力として各段のキャパシタンスを充電して高電圧を得る回路で，その電圧発生の理論は以下のとお

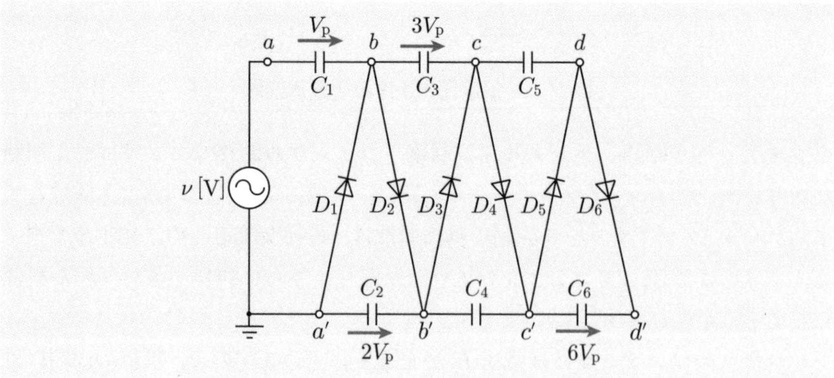

図 7.9　コッククロフト–ウォルトン回路

りです．

いま，電源電圧が v [V] であるとき，最初の正極性になる半周期でキャパシタンス C_1 を電圧 V_p（$V_\mathrm{p} = \frac{v}{\sqrt{2}}$）に充電します．その後，つぎの半周期になるとキャパシタンス C_2 は電源電圧とキャパシタンス C_1 に充電された電圧の和 $2V_\mathrm{p}$ で充電されます．さらにつぎの半周期で電源電圧とキャパシタンス C_2 に充電された電圧の和 $3V_\mathrm{p}$ でキャパシタンス C_3 を充電し，そのようなプロセスで定常状態まで充電が繰り返されたとき，キャパシタンスの数を n（段）とすると，理論的には nV_p の直流電圧が出力されます．ここで通常 n は偶数の値をとります．

しかしながら実際には電圧降下とリプルが生じて入力電圧の n 倍にはなりません．

いま n 段のキャパシタンスを用いてコッククロフト–ウォルトン回路を構成するとき，リプル電圧 δV_r は

$$\delta V_\mathrm{r} = \frac{i}{fC} \cdot \frac{n(n+2)}{8} \tag{7.12}$$

で求められます．ここで i は電流，f は電源周波数です．また，電圧降下 $\mathit{\Delta} V_\mathrm{d}$ は，

$$\mathit{\Delta} V_\mathrm{d} = \left(\frac{1}{12}n^3 + \frac{1}{8}n^2 + \frac{1}{6}n\right)\frac{i}{fC} \tag{7.13}$$

で求められます．

また，このときの最大出力電圧 V_max の近似値は入力電圧に段数倍した値から電圧降下を引いた値で求められます．電圧降下は上式カッコ内の 1 項目が大きく効くため，2 項目以下を省略して

$$V_\mathrm{max} \fallingdotseq nV_\mathrm{p} - \frac{1}{12}n^3\frac{i}{fC} \tag{7.14}$$

で求められます．

7.2.4 静電発電機

ガラス棒やプラスチックの下敷きをこすると静電気が発生することはよく知られています．また冬の乾燥した日にはドアの取っ手を触ろうとすると，指とドアノブとの間に放電が起こります．これは身体を動かすことで摩擦が起こり，身体には数 kV に電荷が蓄電されていくためです．表 7.1 に示す帯電列表を見

ると，スーパーやコンビニのレジ袋をぶらさげて家路についている間には衣服との間で電荷が発生し（発電が行われ），蓄積されていきます．ドアを開けようとドアの取っ手に手を近づけたとき，アース電位のドアノブとの間で放電が起こり，指先に痛みを感じるのです．このようにものを擦り合わせるのではなく，静電誘導の原理を用いて発生させた静電荷を高電圧電極に蓄積させ，直流高電圧を発生させる装置を**静電発電機**と呼びます．

表 7.1　主な物質の帯電列表

アスベスト	髪の毛	ガラス	マイカ	ナイロン	ウール	鉛	絹	木綿	木材	ポリウレタン	ポリエチレン	塩化ビニル	シリコーン	テフロン
←正に帯電														負に帯電→

絶対温度の単位にもなっている初代ケルビン卿で知られるイギリスの科学者ウィリアム トムソン（William Thomson）は，1859 年に図 7.10 のような水滴発電機を発明しました．

上部水槽から流れ出た水滴は 2 つの誘導電極を通過します．このとき電極の静電誘導で水滴は正または負に帯電して下部水槽に溜まります．下部水槽には水とともに電荷が蓄積されていき，次第に両方の水槽間には高電圧が生じてい

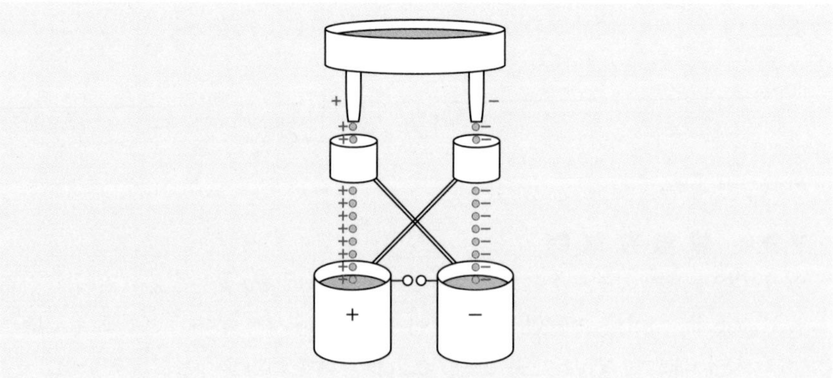

図 7.10　水滴発電機

きます．

つぎのQRコードから，ペットボトルを使って製作した水滴発電機について見てみましょう．

ケルビンの静電発電機のように静電誘導を用いた発電機はほかにもディロッド発電機や，ウィムズハースト（ウイムシャースト）誘導発電機などがあります．また，**図7.11**に示すバンデグラフ発電機は，1931年にアメリカの科学者バンデグラフ（Robert Jemisom Van de Graaff）が，人工核変換に用いる粒子加速器の電源として1.5 MVの電圧が発生可能な電源を開発しました．この直流高電圧発生器は装置下部で発生した電荷をベルトで上部電極に運んで高電圧を発生する装置です．電荷は摩擦により発生する方法，誘導により発生する方法などが考えられますが，実用的にはコロナ放電で発生するイオンを用いた方法が用いられています．

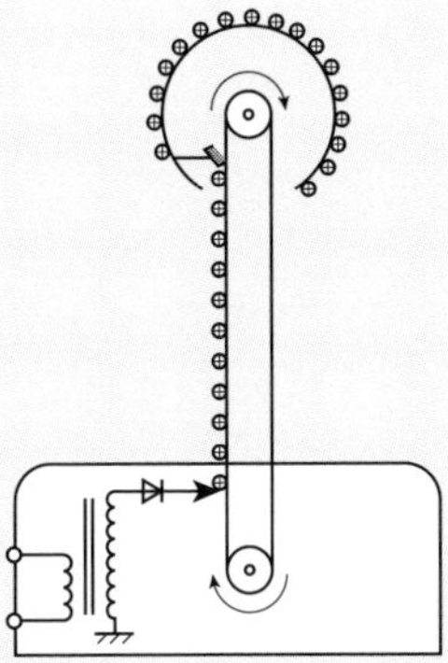

図7.11　バンデグラフ発電機

7章の演習問題

□ **7.1** 1 次側電圧が 200 V，巻数比が 1 : 500 の定格を持つトランスと，整流用ダイオードおよび整流用コンデンサがある．このときビラード回路を用いて −300 kV の直流電圧を発生させる回路を示せ．ただし負荷を純抵抗成分のみであると仮定し，ダイオード，コンデンサには損失やリプルがないものとして計算しなさい．

□ **7.2** リプル率が 5% 以下で 1 mA, 10 kV が出力されるようなコッククロフト–ウォルトン回路を設計したい．このときの段数とキャパシタンス容量を計算により求めよ．ただし，電源電圧は実効値 1000 V とし，周波数は 10 kHz とする．

第8章

インパルス電圧の発生

インパルス電圧は，簡単な LRC 回路を用いて発生させることが可能です．高い電圧を発生させる必要がある場合には，多段式の回路を用いて発生させます．

この章では，インパルス電圧を発生するための基本回路から，各種の多段式発生回路について学びます．

8.1 インパルス電圧

電力送電線等の電力設備に雷が直撃した場合や，送電線の逆フラッシオーバや誘導雷，または開閉装置等で電力回路を切断した場合にはサージ電圧と呼ばれる過電圧が発生します．雷に起因するサージは雷サージと呼ばれ，数十 μs 程度の単発現象や，このような現象が断続的に繰り返し発生します．また線路の開閉に起因するサージは開閉サージと呼ばれ，雷サージよりも継続時間が長く，数百 μs から数 ms の現象です．

インパルス電圧は，サージ電圧から電力機器を保護するために電力機器の製造時にその耐電圧性能を確認するときに印加するサージを模擬して発生する電圧です．

雷インパルスについては 6.3 節で定義したように波高値 V_{p}，波頭長 T_1，半波高値までの時間 T_2 が定義されています．

8.2 雷インパルスの等価回路

雷インパルス電圧は，コンデンサに充電しておいた直流電圧を，火花ギャップなどのスイッチを通して放電させて発生します．この装置はインパルス発生器（Impulse Generator，IG）と呼ばれ，直流電源，充電用コンデンサ，充電抵抗，制動抵抗，放電抵抗，球ギャップ，波形調整用インダクタンスおよび波形調整用コンデンサなどで構成されています．図 8.1 はIGの基本等価回路です．

(a) の回路はRLC直列回路であり，火花ギャップ G が $t=0$ で放電したとき，以下の回路方程式が成り立ちます．

$$L\frac{di}{dt} + (R_s + R_0)i + \frac{1}{C}\int_0^t i\,dt = E \qquad (8.1)$$

初期条件 $i(0)=0$ においてこの式を解くと，つぎの3通りの振動条件による電流が流れるため，放電抵抗 R_0 の両端に生じる電圧 V は以下のようになります．

(1)　$R_\mathrm{s} + R_0 > 2\sqrt{\frac{L}{C}}$ の場合（過減衰）

$$V = E\frac{R_0}{R_\mathrm{s}+R_0}\cdot\frac{a}{b}\Big[\exp\big\{(-a-b)t\big\} - \exp\big\{-(a+b)t\big\}\Big] \qquad (8.2)$$

(2)　$R_\mathrm{s} + R_0 < 2\sqrt{\frac{L}{C}}$ の場合（減衰振動）

$$V = E\frac{R_0}{R_\mathrm{s}+R_0}\cdot\frac{2a}{b}\exp(-at)\sin(\omega t) \qquad (8.3)$$

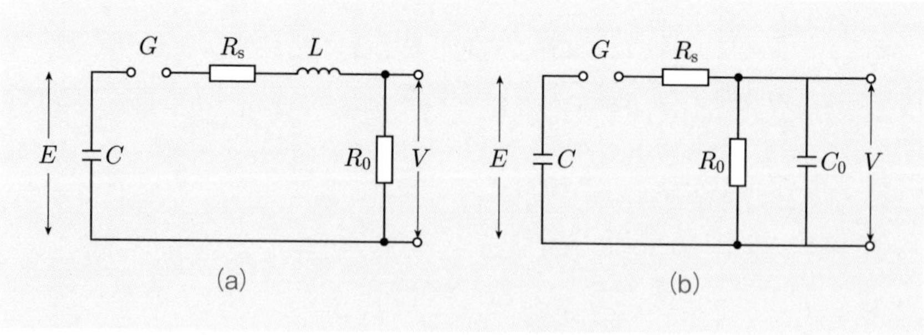

図 8.1　**IGの基本等価回路**

(3)　$R_\mathrm{s} + R_0 = 2\sqrt{\frac{L}{C}}$ の場合（臨界制動）

$$V = E\frac{R_0}{R_\mathrm{s} + R_0}2at\exp(-at) \tag{8.4}$$

ここで，

$$a = \frac{R_\mathrm{s} + R_0}{2L},\quad b = \frac{1}{2L}\sqrt{(R_\mathrm{s} + R_0)^2 - \frac{4L}{C}},\quad \omega = \frac{1}{LC} - \frac{(R_\mathrm{s} + R_0)^2}{4L^2}$$

(b) の回路も同様にして，

(1)　$\left\{(R_\mathrm{s} + R_0)(C + C_0) - R_\mathrm{s}C_0\right\}^2 > 4R_\mathrm{s}R_0CC_0$ の場合

$$V = \frac{E}{2C_0R_\mathrm{s}}\cdot\frac{1}{b}\left[\exp\left\{-(a-b)t\right\} - \exp\left\{-(a+b)t\right\}\right] \tag{8.5}$$

(2)　$\left\{(R_\mathrm{s} + R_0)(C + C_0) - R_\mathrm{s}C_0\right\}^2 = 4R_\mathrm{s}R_0CC_0$ の場合

$$V = \frac{E}{2C_0R_\mathrm{s}}t\exp(-at) \tag{8.6}$$

ここで，

$$a = \frac{(R_\mathrm{s} + R_0)(C + C_0) - R_\mathrm{s}C_0}{2R_\mathrm{s}R_0CC_0},$$

$$b = \frac{\sqrt{\{(R_\mathrm{s} + R_0)(C + C_0) - R_\mathrm{s}C_0\}^2 - 4R_\mathrm{s}R_0CC_0}}{2R_\mathrm{s}R_0CC_0}$$

インパルス電圧の一般式は次式で表される 2 つの指数関数の差分の式で表現されます．

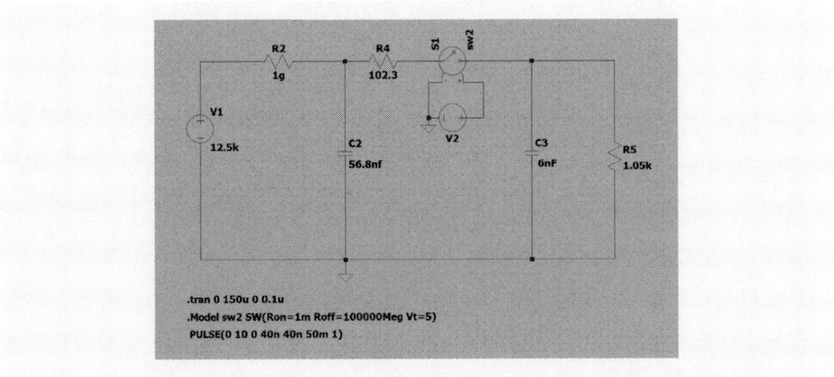

図 8.2　回路シミュレータ **LTspice** を用いたインパルス電圧発生等価回路

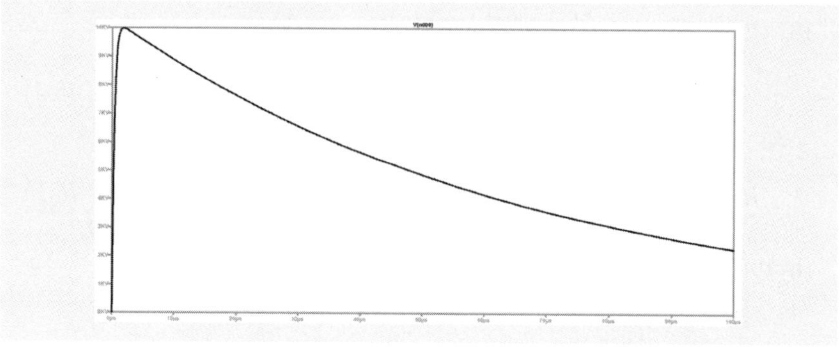

図 8.3　回路シミュレータ **LTspice** のインパルス電圧発生波形

$$e = E_0 \left\{ \exp\left(-\alpha t\right) - \exp\left(-\beta t\right) \right\} \tag{8.7}$$

ここで，

$$E_0 = \frac{EA_0}{\beta - \alpha}$$

現在では，回路シミュレータを使った回路設計も多く用いられています．図 8.2 はインパルス電圧発生回路の設計に回路シミュレータ LTspice を用いて行っている例です．また，放電抵抗 R5 の両端に発生する電圧を図 8.3 に示します．

8.2.1　多段式インパルス発生回路

数十万 V 以上の高電圧のインパルス電圧を発生させるために，ドイツ ブラウンシュバイクの科学者マルクス（Erwin Otto Marx）は 1924 年，多数のコンデンサを並列に充電しておき，それをギャップの火花放電を利用して直列に接続して高電圧を発生させる**多段式インパルス発生回路（マルクス回路）**を開発しました．マルクス回路には以下の方式があります．

(1)　直列充電方式

(2)　並列充電方式

(3)　直並列充電方式

各段ごとに異なる時定数を持つことや，火花連絡特性があまり良好でないなどの欠点はありますが，各段ごとに同一の耐電圧特性を持つ素子を用いればよいことや，構造が簡単であることなどの理由から直列充電方式が現在最も多く用いられています．図 8.4 に示すように直列充電式と倍電圧直列充電式があり

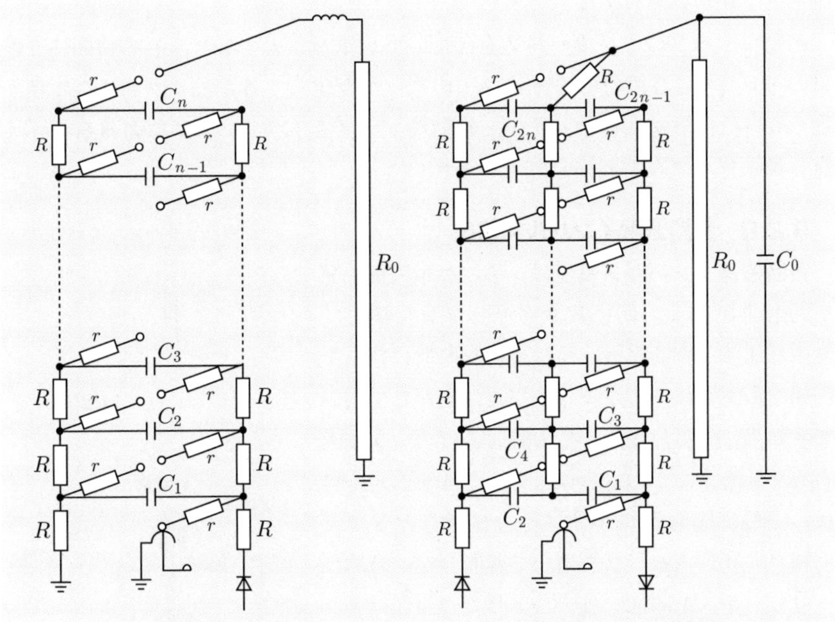

(a)　直列充電式　　(b)　倍電圧直列充電式

図 8.4　多段式インパルス発生回路

ますが，大型の高電圧発生機器はほとんどが後者の倍電圧直列充電方式を採用しています．

充電用コンデンサ C には残留インダクタンスが小さく，放電時の電気的ストレスに強いものが選ばれます．一般的には 1 段あたり 0.25〜2 μF の容量で耐電圧 50〜100 kV の定格のものが使用されています．制動抵抗 r はインパルス電圧の立ち上がりの大きさに関係するとともに大型となるインパルス発生回路中に発生する寄生振動を抑制するために設けられる抵抗で，通常 5〜30 Ω 程度の小さな抵抗が各段の球ギャップスイッチの両端に接続されます．充電抵抗 R は制動抵抗と比較して十分大きな時定数と抵抗値を持つ抵抗で，コンデンサを充電する際に電源容量よりも十分小さな電流を流すために用いる抵抗です．充電抵抗は一般に数十 kΩ 程度の抵抗が用いられます．火花連絡ギャップは並列に充電された各段のコンデンサを直列に接続するためにスイッチする装置で球ギャップが用いられます．

始動ギャップにトリガパルスを印加して放電を点火すると，その瞬間に 2 段目のギャップ，3 段目のギャップ…の電位が変化して各ギャップ間に高電圧が加わり一気に放電が起こります．始動ギャップは 3 点ギャップや図 8.5 に示す有孔球ギャップなどで作られています．

8.2.2　裁断波雷インパルス電圧

裁断波雷インパルス電圧は，インパルス電圧発生器と供試物との間に裁断ギャップを接続して発生します．裁断ギャップは適当な時間に裁断を開始するように適当なギャップ長に調整して用いますが，この場合裁断までの時間のばらつきが大きくなります．このばらつきを小さくするためには，一般に図 8.5 に示すような始動ギャップと同様な有孔球ギャップを用いて裁断したい時間にトリガパルスを印加します．トリガパルスはインパルス電圧発生器の放電抵抗から分圧した電圧を遅延ケーブルなどの遅延回路を通して印加されます．また，電圧が高くなると必要となる球ギャップの直径が大きくなるため，小さな裁断ギャップを直列に接続した多段式裁断ギャップが用いられます．

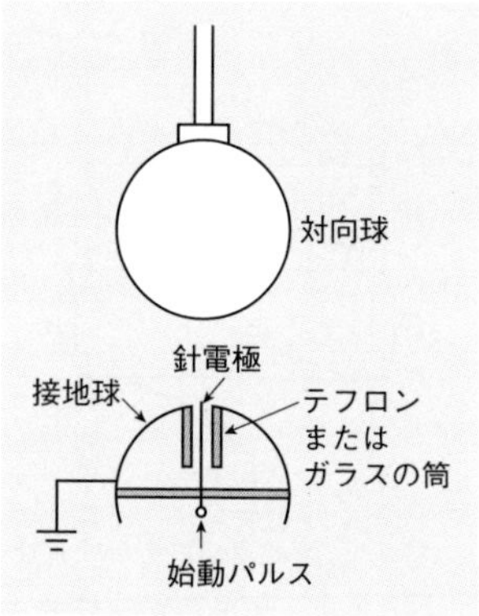

図 8.5　有孔球ギャップ

8.3　開閉インパルス電圧の発生

8.3.1　等　価　回　路

超高圧送電系統で，回路の開閉操作の際に大きな**開閉インパルス電圧**が発生します．開閉インパルス電圧は，先に述べたように現象の継続時間が数百 μs～数 ms のインパルス電圧で，雷インパルス電圧試験と同様に高電圧機器の試験に用いられます．開閉インパルス電圧の発生は雷インパルス電圧発生器の回路定数を変えることで発生させることができますが，雷インパルス電圧と比較して長時間の現象となるため，その等価回路は図 8.6 に示すとおり，充電抵抗を考慮したものになります．また波高点までの時間 T_{p} は $R_{\mathrm{s}}C_{\mathrm{o}}$ の時定数で決まりますが，T_{p} が長いため R_{s} は数 kΩ と大きくなります．

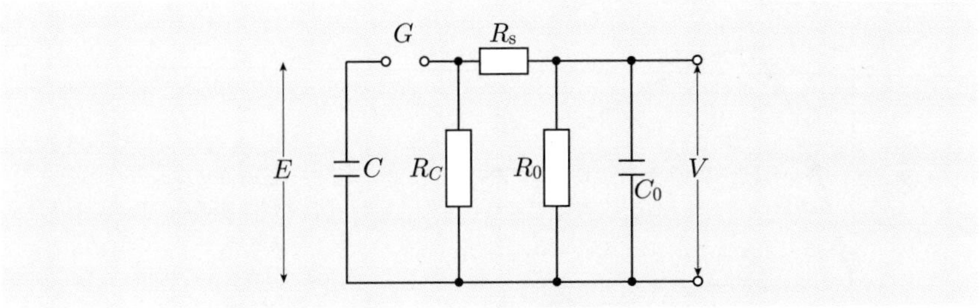

図 8.6　開閉インパルス電圧発生器の等価回路

8.4　インパルス電流の発生

インパルス電流は，落雷等によって生じるサージ電流を模擬した電流で，サージ電流が高電圧機器に流入したとき，その電磁力によって絶縁破壊が生じないことを確認するために実施するインパルス耐電流試験および避雷器などの制限電圧特性を確認するために実施するインパルス電流–電圧特性試験に用いられる電流です．

インパルス電流は，その波形の形状によって単極性インパルス電流，振動性インパルス電流，方形波インパルス電流などに分類されます．JEC-0203 では，それぞれの波形は図 8.7 に示すように，波高点，規約原点，規約波頭長，規約波尾長，規約電流波高値継続時間，規約電流全継続時間および規約波頭しゅん度などが規定されています．

雷インパルス電圧の場合と同様「規約」とされているように，それらのパラメータは測定波形を解析して得られるパラメータです．波形の表示方法もインパルス電圧の場合と同様に JEC 規格では

$$\pm T_1/T_2 \text{ インパルス電流}$$

のように表されます．また IEC 62475:2010 の規定では，

$$\pm T_1/T_2 \text{ impulse current}$$

と表示するように規定されています．さらに標準波形として JEC 規格には，$\pm 1 \leqq 20$ インパルス電流，$\pm 4/10$ インパルス電流，$\pm 8/20$ インパルス電流，$\pm 30/80$ インパルス電流，および 10/350 インパルス電流の 5 種類が規定され

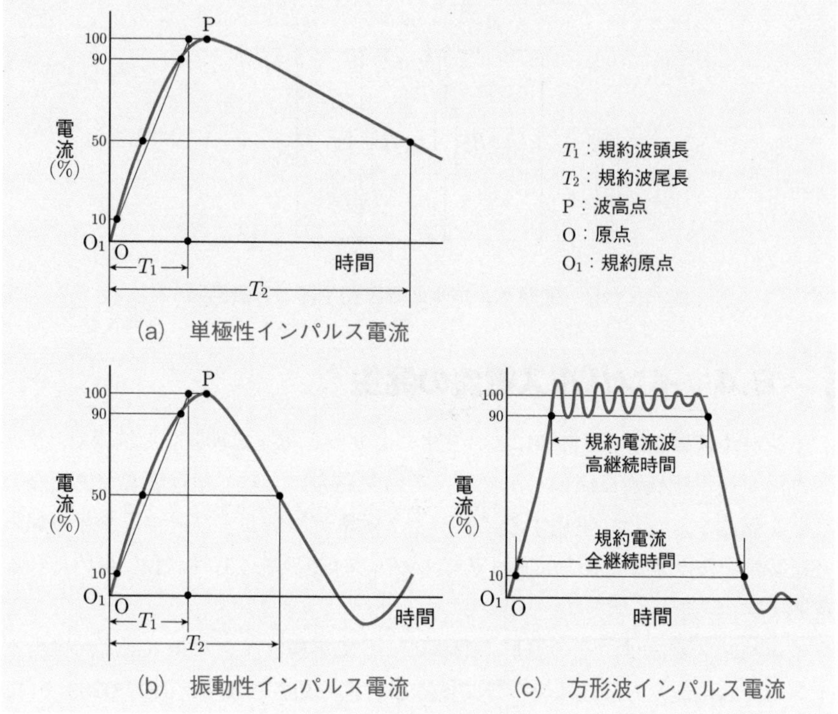

図 8.7　インパルス電流

ていて，波形パラメータには波高値に対して ±10%，波頭長・波尾長に対して ±20% の裕度が認められています．

また方形波インパルス電流の標準波形には電流波高値継続時間が 500 µs，（1000 µs または 2000 µs）および 2000〜3200 µs の 3 種類が規定されていて，規約電流全継続時間は電流波高値継続時間の 1.5 倍以内であると規定されています．

IEC 規格には，JEC 規格とは異なり，1/ ≦ 20, 8/20, 10/350 impulse current の 3 波形が標準波形に規定されています．

インパルス電流の発生もインパルス電圧の発生と同様に，キャパシタンスに充電された電荷を放電して発生させます．図 8.8 にインパルス電流発生回路の等価回路を，また図 8.9 に実際のインパルス電流発生器を示します．

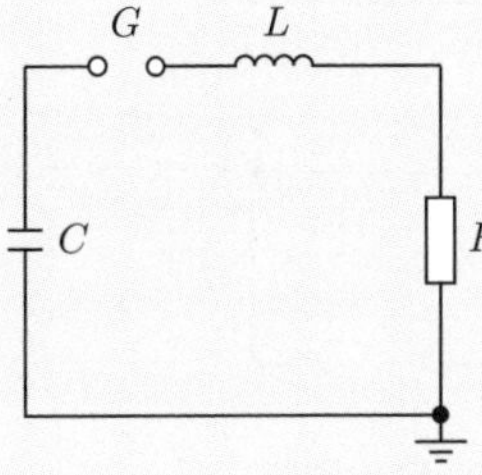

図 8.8　インパルス電流の等価回路

図 8.9　インパルス電流発生器

図 8.8 の等価回路は図 8.1(a) と同じ RLC 直列回路です．したがって雷インパルス電圧発生回路と全く同様に考えると $\alpha^2 = \frac{R^2C}{4L}$ の大きさによって発生波形は単極性（$\alpha > 1$）または振動性（$\alpha^2 < 1$）に分類されます．

8.5　急しゅん波インパルス電圧の発生

ガス絶縁開閉装置 (GIS) などでは，線路の開閉に伴い**急しゅん波インパルス**と呼ばれる立ち上がり時間が極めて速いインパルス電圧が生じます．また，近年のコンピュータシステムのクロック数の上昇や，分散型発電システムにより発生する矩形波によっても高周波が電力線路に重畳することがあり，これによって極めて速い時間で絶縁破壊が生じることがあります．この立ち上がりが速いパルス電圧も，急しゅん波インパルスと呼ばれています．急しゅん波インパルスの立ち上がり時間は数 ns から数百 ns 程度ですが，既存のインパルス電圧発生回路でも数百 ns までの波頭長を持つインパルス電圧の発生は可能です．さらに速い立ち上がりを持つ急しゅん波インパルスを発生したい場合には，図 8.10 に示すようにインパルス電圧の出力と直列に球ギャップを接続します．インパルス電圧の波高値よりも低い電圧で放電するように球ギャップを調整すると，インパルスの立ち上がり部分は出力されずに，球ギャップの放電とともに立ち上がりの速い急しゅん波インパルス電圧が出力されます．図 8.11 にそのような方法を用いて実際に出力した急しゅん波インパルス電圧の波形を示します．波頭長は 0.1 μs であり，標準雷インパルス電圧の波頭長よりも 10 倍速い時間で立ち上がっています．

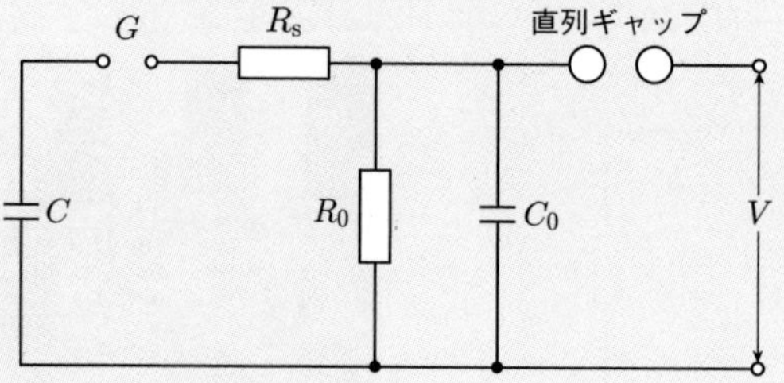

図 8.10　急しゅん波インパルス電圧発生回路

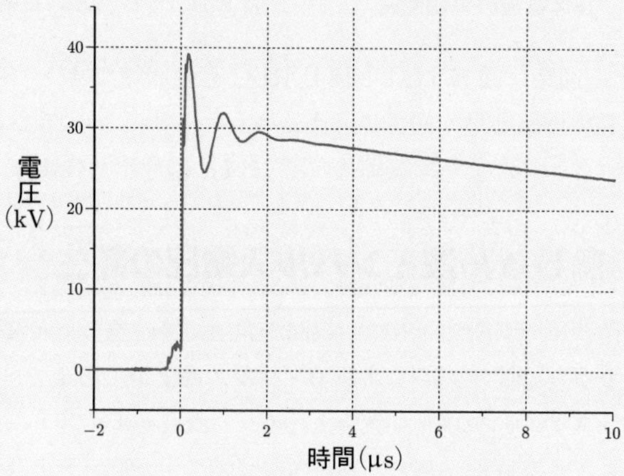

図 8.11　急しゅん波インパルス電圧

8 章の演習問題

□ **8.1**　標準インパルス電圧（1.2/50 impulse）を発生させるために必要な回路定数を求めよ．ただし，等価回路は図 8.1(b) の回路を用いるものとし，C は 0.01 μF，C_o は 500 pF とする．

□ **8.2**　図 8.1(b) のインパルス電流発生等価回路から発生するインパルス電流の波形パラメータを算出せよ．

□ **8.3**　裁断波雷インパルス電圧が必要な理由について説明せよ．

第9章

交流および直流高電圧の測定

前章までに高電圧の発生方法について学びましたが，本章ではそこで発生した交流高電圧，直流高電圧ならびにインパルス高電圧およびインパルス大電流の測定方法について学びます．高電圧の測定は指示計器で簡単に行うことができないため，高電圧を直接測定する方法や小さな電圧に低減したものを測定するなど，様々な方法が用いられています．ここではそれらの中で代表的な測定法について紹介します．

9.1　高電圧の測定

高電圧測定は，低電圧や小さな電流のように指示計器（メータ）で簡単に測定することができないため，物理学，とりわけ電磁気学の原理・原則を応用したいろいろな方法が開発されています．また最近ではオプトエレクトロニクスを応用した方法も開発されています．高電圧の測定対象は**表 9.1** に示すように，交流高電圧では，**実効値**，**波高値**，**ひずみ率**など，また直流高電圧では**平均値**，**リプル率**が，そしてインパルス高電圧では**波高値**，**波頭長**，**波尾長**，**裁断までの時間**などになります．

高電圧の測定は，電力機器を製造した際に所定の電圧に耐えることを確認するために実施する耐電圧試験や，高電圧現象の解析・研究のために行う試験，送

表 9.1　高電圧の測定対象

電圧種	測定対象
交流高電圧	実効値，波高値，ひずみ率，周波数，波形
直流高電圧	平均値，リプル率
インパルス高電圧	波高値，波頭長，波尾長，裁断までの時間，波形
インパルス大電流	波高値，波頭長，波尾長

電線その他の異常過電圧測定のために行います．

高電圧を測定するためには，高電圧放電現象や静電気現象を利用して直接測る方法と倍率器，分圧器ならびに分流器を用いて測定可能な低電圧（小電流）に変換して測る方法があります．**表 9.2** に高電圧測定における測定原理とその応用装置を示します．

表 9.2　測定原理と測定装置

測定原理	測定装置・方法	測定量
分圧・分流	分圧器・分流器	V/I
放電現象	球ギャップ	V
静電気力	静電電圧計	V
静電誘導	コンデンサ型計器用変圧器（PD）	V
電磁誘導	計器用変圧器（VT）	V
	計器用変流器（CT）	I
磁化現象	磁鋼片	I
ポッケルス効果	ポッケルス素子	V
ファラデー効果	ファラデー素子	I

9.2　交流高電圧の測定

交流高電圧は実効値，波高値および波形の測定を行います．実効値を測定するためにはつぎのような方法があります．

- 計器用変圧器（VT）を用いる方法
- 変圧器の 3 次巻線を利用する方法
- コンデンサ分圧器を用いる方法
- 静電電圧計を用いる方法

また波高値を測定するためにはつぎのような方法があります．

- 標準球ギャップによる方法
- コンデンサの充電電流を測定する方法

さらに電圧波形の測定にはオシロスコープなどを用います．

9.2.1　実効値の測定方法

計器用変圧器を用いる方法

高電圧から**計器用変圧器**（Voltage Transformder，**VT**）で低電圧に変換した電圧を指示計器で測定する方法です．低圧巻線に接続した電圧計で読み取る方法で，発変電所での 100 kV 未満の電圧の測定などに利用されます．JIS C 1731（計器用変成器）が国際整合化の流れを受けて 1988 年に改訂されるまでは Potential Transformder（**PT**）の用語が用いられていたため，いまでも PT という呼称が使われる場合があります．また，計器用変圧器を表す記号の一例を図 9.1 に示します．

変圧器の 3 次巻線を利用する方法

試験変圧器等では 1 次巻線，2 次巻線のほかに以下の目的で 3 次巻線が設けられている場合があります．

- 電圧調整，力率改善のために調相機を接続する
- 発電機に接続されている場合，所内電力へ分岐させる
- 別系統との接続を行う

さらに 3 次巻線の電圧を測定することで 1 次側または 2 次側に発生する電圧を測定することができます．

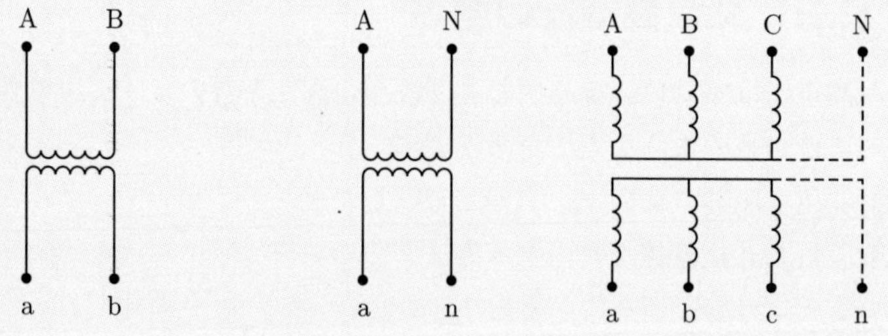

全絶縁で 1 つの 2 次巻線を持つ非接地形単相計器用変圧器

低減絶縁された中性点 1 次端子を持ち 1 つの 2 次巻線を持つ接地形単相計器用変圧器

1 つの 2 次巻線を持つ単相計器用変圧器を 3 相に接続した計器用変圧器

図 9.1　計器用変圧器を表す記号の例

コンデンサ分圧器を用いる方法

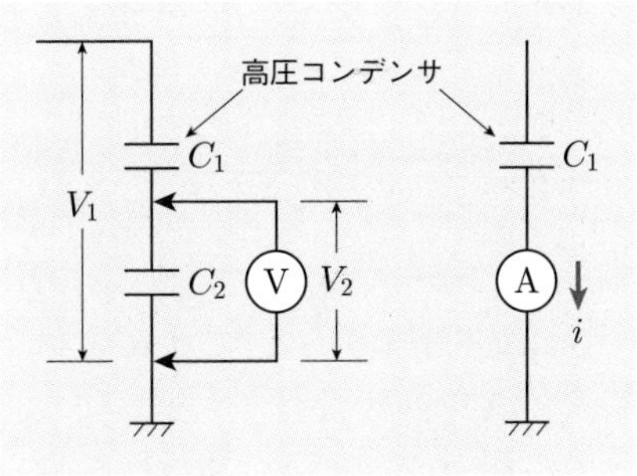

図 9.2　コンデンサ分圧器

図 9.2 の左図のように高圧コンデンサ C_1 とそれより大きい容量を持つ低圧コンデンサ C_2 からなる**コンデンサ分圧器**を用いて，測定電圧を分圧した後に，実効値を測定できる電圧計で，低圧コンデンサ C_2 の端子電圧を測定することにより実際の交流高電圧を測定することができます．低圧コンデンサの端子電圧を V_2 とするとき，入力電圧 V_1 は

$$V_1 = \frac{C_1 + C_2}{C_1} V_2 \tag{9.1}$$

で表すことができます．ここで $\frac{C_1+C_2}{C_1}$ を分圧器の**スケールファクタ**と呼びます．ここでもし，C_2 の容量が C_1 と比較して十分大きい場合には，

$$V_1 = \frac{C_2}{C_1} V_2 \tag{9.2}$$

となります．また同図右の回路のように高圧コンデンサ C_1 に流れる電流 i を測定する場合，f を周波数とすると V_1 は

$$V_1 = \frac{i}{2\pi f C_1} \tag{9.3}$$

で求められます．

高圧側に用いるコンデンサ C_1 は耐電圧が高く，温度，電圧や近接物体によって静電容量が変わらないものである必要があります．このようなものには，**標準コンデンサ**，コンデンサ型計器用分圧器（Potential Device，PD），OF ケーブルやブッシングが用いられています．標準コンデンサは SF_6 ガス絶縁の遮へい電極を有する電極構造のコンデンサです．静電容量は 50〜100 pF で，耐電圧は最大 800 kV 程度です．

簡易なコンデンサ型分圧器の設計

定格電圧 80 kV の商用周波交流電圧を汎用のオシロスコープ（定格電圧 100 V）で測定するためには，スケールファクタを 1000 程度にする必要があります．いま，手元に容量値0.01 μF，定格電圧4000 Vのポリプロピレンコンデンサがあるとき，このコンデンサを高圧部に20個直列接続して，低圧部に容量値0.47 μFを接続するとスケールファクタが940程度の簡易的な容量分圧器ができ上がります．この分圧器で80 kVを測定するとき，オシロスコープには85 V程度が入力されることになります．なお，高圧部の直列接続した部分はコロナ放電が生じやすいため，シールド電極を付けるか，油粘土でコロナの発生を抑える必要があります．**図9.3**に自作した簡易的なコンデンサ分圧器を示します．

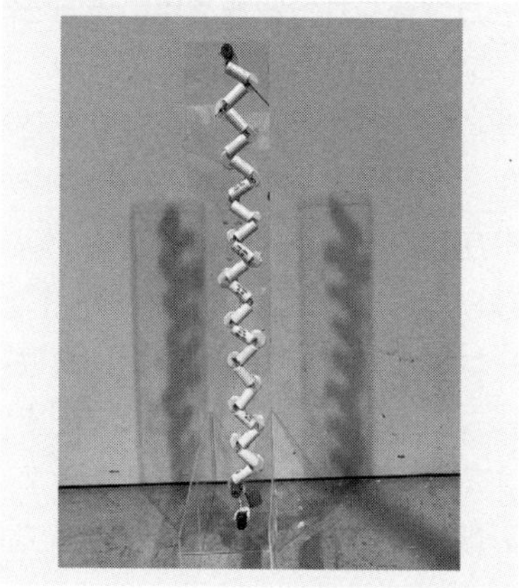

図9.3　自作したコンデンサ分圧器

PDは測定器のインピーダンスによって分圧比が変わらないように，低圧コンデンサと負荷の間に補償用インダクタンスを接続したコンデンサ分圧器です．絶縁の信頼性が高く，60 kV以上の回路に使用されています．次式で与えられる分圧比において，

$$\frac{V_1}{V_2} = \frac{C_1 + C_2}{C_1} + \frac{1 - \omega^2 L(C_1 + C_2)}{\kappa\omega C_1 Z} \tag{9.4}$$

電源周波数 ω で L と $C_1 + C_2$ が共振するように L を選択すると，$1 = \omega^2 L(C_1 + C_2)$ となって，これから

$$\frac{V_1}{V_2} = \frac{C_1 + C_2}{C_1} \tag{9.5}$$

となるので，分圧比は測定器のインピーダンス Z と無関係に一定になります．

静電電圧計を用いる方法

静電電圧計は，対向する2つの電極間の静電吸引力を利用して電圧を直接読み出して測定ができる装置です．静電電圧計には，電極が静電吸引力で平行移動するものと電極が静電吸引力で回転するものの2つのタイプがあり，両者とも高電圧を絶対測定できる，消費電力が小さい，入力インピーダンスが小さい，取り扱いが簡単などの特徴を持っています．**図9.4**に静電電圧計の外観を示しますが，機械的にデリケートなので手荒に扱わないことや，電圧印加をした後には電源を切っていても端子に高電圧がかかっているので触れないようにすることなどの注意が必要です．

図 9.4　静電電圧計

静電電圧計は**図 9.5** に示すような構造になっています．いま，可動電極の面積を A，固定電極と可動電極の間隔を l，そしてその間の静電容量の大きさを C とすると，

$$C = \frac{\varepsilon A}{l} \tag{9.6}$$

で求められます．また，このとき両電極間に蓄えられる静電エネルギー W は

$$W = \frac{1}{2}CV^2 = \frac{1}{2} \cdot \frac{\varepsilon A}{l} V^2 \tag{9.7}$$

となり，電圧 V の変化によって可動電極 E が dl だけ減少した場合には，電極間にはたらく吸引力を F とすると，

$$dW = -dl \cdot F \tag{9.8}$$

したがって

$$F = -\frac{dW}{dl} = V^2 \varepsilon A \cdot 2l^2 \tag{9.9}$$

の吸引力がはたらきます．吸引力は電圧の 2 乗に比例することから，交流電圧の実効値を測定することができます．

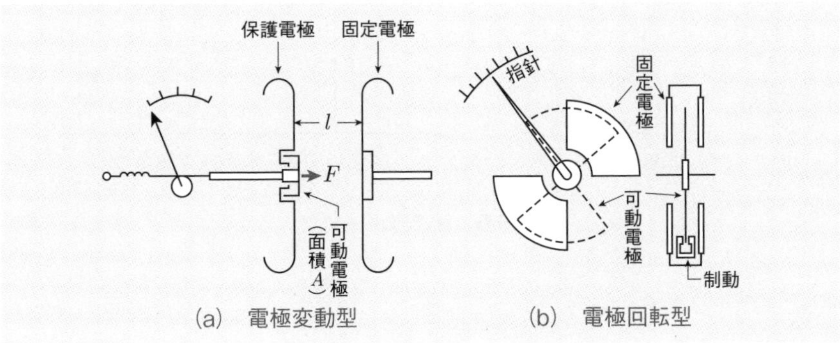

図 9.5　静電電圧計の構造

標準球ギャップを用いた波高値の測定方法

交流高電圧の波高値の測定には**標準球ギャップ**が用いられます．球ギャップとは直径 ϕ の等しい球電極を向かい合わせたもので，球の離隔距離と放電電圧の値が比例関係にあることを利用して高電圧を直接測定する測定装置です．**図 9.6** に示すように球の配置方向によって垂直球ギャップおよび水平球ギャップに分類されます．

球ギャップによる電界は $d < \phi$ の範囲では準平等電界と見なせるため，JIS C 1001 では**表 9.3** に示すように標準大気状態における球の直径に対するスパークオーバ電圧が定められています．

標準大気状態とは，気温 20°C，気圧 1013 hPa の状態をいい，この値以外の場合には後述する補正を行って標準大気状態の値に換算します．標準球ギャップは直径が 2〜200 cm の間の 12 種類で，規格には放電電圧値のほかにも**表 9.4** に示すように球柄の直径や近接物体との離隔距離の制限値などが詳細に規定されています．

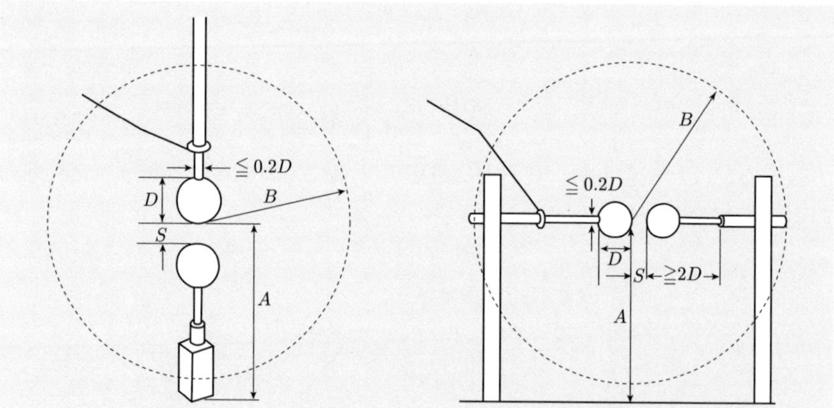

(a)　垂直球ギャップ　　(b)　水平球ギャップ

図 9.6　標準球ギャップ

表 9.3　スパークオーバ電圧波高値

ギャップ長	球の直径 (D) [cm]											
(S) [cm]	2	5	6.25	10	12.5	15	25	50	75	100	150	200
0.05	2.8											
0.10	4.7											
0.15	6.4											
0.20	8.0	8.0										
0.25	9.6	9.6										
0.30	11.2	11.2										
0.40	14.4	14.3	14.2									
0.50	17.4	17.4	17.2	16.8	16.8	16.8						
0.60	20.4	20.4	20.2	19.9	19.9	19.9						
0.70	23.2	23.4	23.2	23.0	23.0	23.0						
0.80	25.8	26.3	26.2	26.0	26.0	26.0						
0.90	28.3	29.2	29.1	28.9	28.9	28.9						
1.0	30.7	32.0	31.9	31.7	31.7	31.7	31.7					
1.2	(35.1)	37.6	37.5	37.4	37.4	37.4	37.4					
1.4	(38.5)	42.9	42.9	42.9	42.9	42.9	42.9					
1.5	(40.0)	45.5	45.5	45.5	45.5	45.5	45.5					
1.6		48.1	48.1	48.1	48.1	48.1	48.1					
1.8		53.0	53.5	53.5	53.5	53.5	53.5					
2.0		57.5	58.5	59.0	59.0	59.0	59.0	59.0	59.0			
2.2		61.5	63.0	64.5	64.5	64.5	64.5	64.5	64.5			
2.4		65.5	67.5	69.5	70.0	70.0	70.0	70.0	70.0			
2.6		69.0	72.0	74.5	75.0	75.5	75.5	75.5	75.5			
2.8		72.5	76.0	79.5	80.0	80.5	81.0	81.0	81.0			
3.0		75.5	79.5	84.0	85.0	85.5	86.0	86.0	86.0	86.0		
3.5		82.5	(87.5)	95.0	97.0	98.0	99.0	99.0	99.0	99.0		
4.0		88.5	(95.0)	105	108	110	112	112	112	112		
4.5			(101)	115	119	122	125	125	125	125		
5.0			(107)	123	129	133	137	138	138	138	138	
5.5				(131)	138	143	149	151	151	151	151	
6.0				(138)	146	152	161	164	164	164	164	
6.5				(144)	(154)	161	173	177	177	177	177	
7.0				(150)	(161)	169	184	189	190	190	190	
7.5				(155)	(168)	177	195	202	203	203	203	
8.0					(174)	(185)	206	214	215	215	215	
9.0					(185)	(198)	226	239	240	241	241	
10					(195)	(209)	244	263	265	266	266	266
11						(219)	261	286	290	292	292	292
12						(229)	275	309	315	318	318	318
13							(289)	331	339	342	342	342
14							(302)	353	363	366	366	366
15							(314)	373	387	390	390	390
16							(326)	392	410	414	414	414
17							(337)	411	432	438	438	438
18							(347)	429	453	462	462	462
19							(357)	445	473	486	486	486
20							(366)	460	492	510	510	510
22								489	530	555	560	560
24								515	565	595	610	610
26								(540)	600	635	655	660
28								(565)	635	675	700	705
30								(585)	665	710	745	750
32								(605)	695	745	790	795
34								(625)	725	780	835	840
36								(640)	750	815	875	885
38								(655)	(775)	845	915	900
40								(670)	(800)	875	955	975
45									(850)	945	1050	1080
50									(895)	1010	1130	1180
55									(935)	(1060)	1210	1260
60									(970)	(1110)	1280	1340
65										(1160)	1340	1410
70										(1200)	1390	1480
75										(1230)	1440	1540
80											(1490)	1600
85											(1540)	1660
90											(1580)	1720
100											(1660)	1840
110											(1730)	(1940)
120											(1800)	(2020)
130												(2100)
140												(2180)
150												(2250)

表 9.4　標準球ギャップの制限値

球直径 D [cm]	離隔距離 A の最小値	離隔距離 A の最大値	離隔距離 B の最小値
$\leqq 6.25$	$7D$	$9D$	$14S$
10〜15	$6D$	$8D$	$12S$
25	$5D$	$7D$	$10S$
50	$4D$	$6D$	$8S$
75	$4D$	$6D$	$8S$
100	$3.5D$	$5D$	$7S$
150	$3D$	$4D$	$6S$
200	$3D$	$4D$	$6S$

さらに，放電によって球が損傷することを防止するために保護抵抗を設けます．交流電圧を測定する際の保護抵抗の値は，100 kΩ から 1 MΩ の大きさが推奨されています．また，安定した放電を得るために球ギャップに紫外線を放射して自由電子を生じさせます．標準球ギャップを用いて商用周波交流電圧を測定する手順は，まず最初に電源を印加した際にスパークオーバしない十分に低い電圧を球ギャップ間に印加します．つぎにスパークオーバした瞬間の電圧値の読み取りが行えるように，十分にゆっくりとした電圧上昇率で電圧を上昇させていきます．30 秒以上の間隔をあけて 10 回以上放電の瞬間の電圧値を測定し，放電電圧の平均値と標準偏差を求めます．標準偏差の値が平均値の 1% 未満であればその平均値を用いて 9.2.3 項で説明する大気補正を実施して放電電圧を求めます．

9.2.2 波形の測定

交流高電圧の波形を測定するためには，**オシロスコープ**を用います．汎用のオシロスコープは入力電圧が 100 V のものが一般的ですので，この電圧に低減するために 9.2.1 項で述べた容量型や後述する抵抗容量型の分圧器を用います．図 9.7 に 50 Hz の交流電圧を測定したときの測定波形を示します．

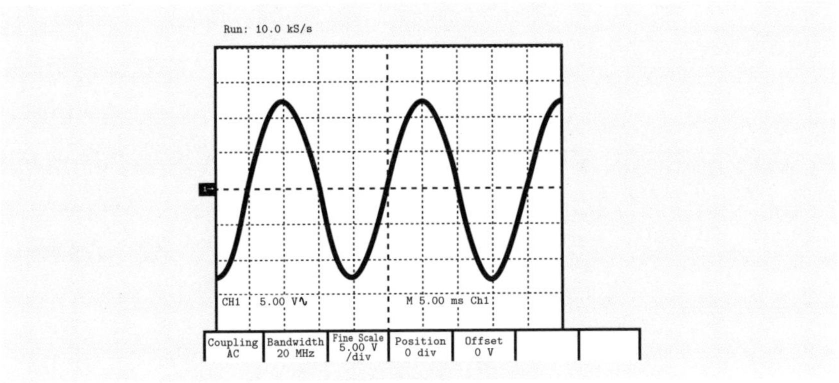

図 9.7　交流電圧の測定

9.2.3 大気補正

大気中の破壊放電は大気状態に依存しています．破壊放電電圧の大きさは，湿度の増加または空気密度の増加に伴って高くなります．さらに湿度が上がって相対湿度が 80% を超えると，破壊放電電圧は不規則なふるまいをとります．

ここで IEC 60060 では，試験時の大気条件を**標準大気状態**（$t_0 = 20°\mathrm{C}$，$h_0 = 11\,\mathrm{g/m^3}$，$b_0 = 1013\,\mathrm{hPa}$）に換算した放電電圧値が用いられます．これを**大気補正**といいます．本項ではその際に用いられる**大気補正係数**の算出方法と使用法について説明します．

いま，空気密度補正係数を k_1，湿度補正係数を k_2 とおくとき，大気補正係数 K_t は

$$K_t = k_1 k_2 \tag{9.10}$$

で表されます．この係数の用い方には 2 通りあって，たとえば耐電圧試験時に実際に印加する電圧 V を求めたいときは規定で定められた印加電圧を V_0 とすると，

$$V = V_0 K_t \tag{9.11}$$

から求められます．また，ある大気状態下で放電電圧 V を測定したとき，標準大気状態下での放電電圧 V_0 に換算したいときは，

$$V_0 = \frac{V}{K_t} \tag{9.12}$$

から求められます．

空気密度補正係数 k_1 は，

$$k_1 = \delta^m \tag{9.13}$$

から求められます．ここで δ は相対空気密度で，b を試験時の気圧（hPa），t を温度（°C）とするとき，

$$\delta = \frac{b}{b_0} \cdot \frac{273 + t_0}{273 + t} \tag{9.14}$$

から求められます．また，m の値は

$$g = \frac{V_{50}}{500 L \delta k} \tag{9.15}$$

から算出される g によって決定します．式 (9.15) において，V_{50} [kV] は試験時の 50% 破壊放電電圧の測定値または推定値で，推定ができない場合には V_0 の 110% の値を用います．

L [m] は最小放電路長，k は $\frac{h}{\delta}$（h は絶対湿度（g/m^3））の関数として以下の式で表されます．

$$\begin{aligned} \text{直流電圧：}\quad & k = 1 + 0.014\left(\frac{h}{\delta} - 11\right) - 0.00022\left(\frac{h}{\delta}\right)^2 \\ \text{交流電圧：}\quad & k = 1 + 0.012\left(\frac{h}{\delta} - 11\right) \\ \text{インパルス電圧：}\quad & k = 1 + 0.010\left(\frac{h}{\delta} - 11\right) \end{aligned} \tag{9.16}$$

またここで直流電圧および交流電圧の適用範囲は $1\,\mathrm{g/m^3} < \frac{h}{\delta} < 15\,\mathrm{g/m^3}$ で，インパルス電圧の適用範囲は $1\,\mathrm{g/m^3} < \frac{h}{\delta} < 20\,\mathrm{g/m^3}$ であると規定されています．なお，夏季の日本では $15\,\mathrm{g/m^3}$ の湿度を超えるような日が続くため，適用範囲を再検討するよう IEC に対して日本から幾度となく提案が行われています．

g が求まると，その値に応じて m の値を次式に従って算出します．

$$\begin{aligned} g \leqq 0.2 \quad &: \quad m = 0 \\ 0.2 \leqq g \leqq 1.0 \quad &: \quad m = g\frac{g - 0.2}{0.8} \\ 1 \geqq g \quad &: \quad m = 1 \end{aligned} \tag{9.17}$$

つぎに湿度補正係数 k_2 は

$$k_2 = k^w \tag{9.18}$$

から求められます．k は式 (9.16) から求め，w は式 (9.15) から求めた g の値を用いて以下の式から算出します．

$$\begin{aligned}
g \leqq 0.2 &\quad : \quad w = 0 \\
0.2 \leqq g \leqq 1.0 &\quad : \quad w = g\frac{g-0.2}{0.8} \\
1.0 \leqq g \leqq 1.2 &\quad : \quad w = 1.0 \\
1.2 \leqq g \leqq 2.0 &\quad : \quad w = (2.2-g)\frac{2.0-g^2}{0.8} \\
2.0 \leqq g &\quad : \quad w = 0
\end{aligned} \tag{9.19}$$

例題 9.1

以下の条件時の大気補正係数を算出せよ．ただし，測定対象はインパルス電圧であり，放電路長は 1 m，また V_{50} は 1840 kV とする．

(1)　春の気候　気温：15.1°C，湿度：75%，気圧：1013.6 hPa

(2)　夏の気候　気温：34.1°C，湿度：80%，気圧：1005.9 hPa

【解答】　(1)　まず，IEC 60060-1 や湿度換算表，または換算サイトなどを用いて相対湿度を絶対湿度に換算します．15.1°C，1013.6 hPa のときの相対湿度 75% を絶対湿度に換算すると 9.7 g/m^3 になります．

つぎに相対空気密度 δ は式 (9.14) より

$$\begin{aligned}
\delta &= \frac{b}{b_0}\cdot\frac{273+t_0}{273+t} = \frac{1013.6}{1013}\cdot\frac{293}{288.1} \\
&= 1.0176
\end{aligned}$$

また式 (9.16) より

$$\begin{aligned}
k &= 1 + 0.010\left(\frac{9.7}{1.0176} - 11\right) \\
&= 0.9853
\end{aligned}$$

式 (9.15) より

$$g = \frac{V_{50}}{500L\delta k} = \frac{1840}{500 \times 1.0176 \times 0.9853}$$
$$= 3.67$$

この値を式 (9.17)，式 (9.19) に適用すると，

$$m = 1, \quad w = 0$$

が得られます．したがって空気密度補正係数 k_1 および湿度補正係数 k_2 は，

$$k_1 = \delta^m = 1.0176, \quad k_2 = k^w = 1$$

となります．したがって，大気補正係数 K_t は

$$K_t = k_1 k_2$$
$$= 1.0176 \times 0.9853$$
$$\fallingdotseq 1.003$$

が得られます．

(2)　問 (1) と同様に，34.1°C，1005.9 hPa のときの相対湿度 80% を絶対湿度に換算すると 30.2 g/m^3 になります．

つぎに相対空気密度 $\delta = 0.9474$ が得られ，この値から $\frac{h}{\delta} = 31.0$ が得られます．式 (9.16) を適用すると $k = 1.21$ が得られます．ここから

$$m = 1, \quad w = 0.66$$

が得られ，大気補正係数 K_t は

$$K_t \fallingdotseq 1.075$$

が得られます．

なお，$\frac{h}{\delta}$ の値は式 (9.16) の適用範囲である 1〜20 g/m^3 を超えています．■

9.3　直流高電圧の測定

9.3.1　測定対象と測定法

直流高電圧は，平均値，リプル率を測定します．それらを測定する方法には，静電電圧計や標準棒–棒ギャップなどを用いるほか，高抵抗を利用して測定する方法もあります．

9.3.2　高抵抗を用いる方法

図 9.8 の左側の回路のように高圧抵抗 R_1 とそれより小さい抵抗値を持つ抵抗 R_2 を用いて，測定電圧を分圧した後に，直流電圧計で低圧抵抗 R_2 の端子電圧を測定することで実際の直流高電圧を測定することができます．低圧抵抗の端子電圧を V_2 とするとき，入力電圧 V_1 は 9.2.1 項で述べた容量型分圧器と同様に，

$$V_1 = \frac{E_1 + R_2}{R_2} V_2 \tag{9.20}$$

で表すことができます．ここでも $\frac{E_1+R_2}{R_2}$ を分圧器の**スケールファクタ**と呼びます．

また同図右側の回路のように高圧抵抗 R_1 に流れる電流 i を測定する場合，V_1 は

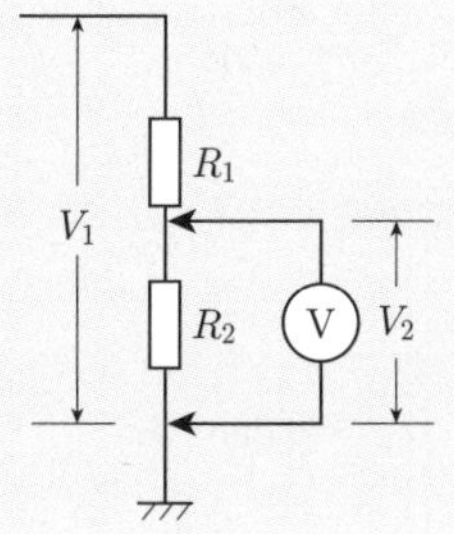

図 9.8　抵抗分圧器

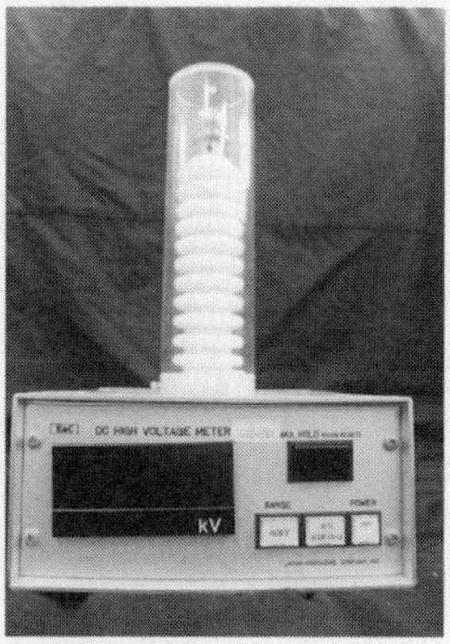

図 9.9　直流高電圧測定用ディジタル測定器（DHM40P）

$$V_1 = R_1 i \tag{9.21}$$

で求められます．この抵抗 R_1 は一般に倍率器と呼ばれています．倍率器は数百 MΩ〜1 GΩ 程度の抵抗で，放熱と絶縁のために絶縁油中に入れられたものがよく用いられています．また，図 9.9 に示すように分圧器とディジタル電圧計が一体となった測定器もあります．

9.3.3　標準棒–棒ギャップを用いる方法

直流電圧を直接測定する方法に，**標準棒–棒ギャップ**を用いる方法があります．JIS C 1001 では直流高電圧を測定するためには，棒–棒ギャップを用いるように規定しています．ギャップに用いる棒は，端部の断面を直角に切り落とした 1 辺 10〜25 mm の正方形で長さが 1 m 以上の銅または黄銅で作られた角棒です．これを図 9.10 のように配置してギャップ長を調整します．ギャップ長 d [mm] と放電電圧 V_0 [kV] の間には，

$$V_0 = 2 + 0.534d \tag{9.22}$$

の関係があります．またこの式は d の範囲が 250〜2500 mm，$\frac{h}{\delta}$ が 1〜13 g/m^3 の範囲で成立します．9.2.3 項の大気補正で詳説しましたが，h は絶対湿度，δ は相対空気密度です．標準棒–棒ギャップを用いて直流高電圧を測定する手順は，まず最初に式 (9.22) から目的のギャップ長に調整します．そして目標とするス

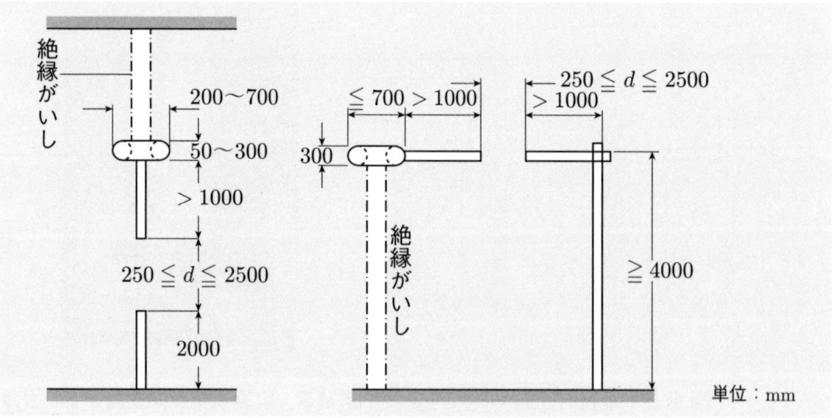

図 9.10　標準棒–棒ギャップ

パークオーバ電圧の 75～100% に到達するまでの時間が約 1 分となるような電圧上昇率で電源を印加します．放電の瞬間の電圧値を 10 回以上測定し，平均値を求めます．そしてこの値に対して大気補正を実施して放電電圧を求めます．

9.3.4 オシロスコープを用いる方法

直流高電圧のリプル率を測定するためには測定波形から計算して求めることができます．波形測定のためには，交流高電圧の波形の測定の場合と同様に**オシロスコープ**を用います．ここでもオシロスコープの入力電圧に低減するために 9.3.1 項で述べた分圧器を用います．

いま，図 9.11 に示すような直流電圧を測定したときのリプル率を求めます．このときのオシロスコープの設定は，入力結合が DC になっています．また，その電圧値 V_{DC} は 8.26 V です．

つぎに入力結合を AC にして入力レンジを拡大すると図 9.12 のような測定波形が得られます．この図における最大値と最小値間の振幅値（peek to peek）を測定すると $V_{\mathrm{AC}} = 25.92\ \mathrm{V_{p\text{-}p}}$ が得られます．このとき，**リプル率** f_{R} は以下の式で求めることができます．

$$f_{\mathrm{R}} = \frac{\frac{V_{\mathrm{AC}}}{\sqrt{2}}}{V_{\mathrm{DC}}} \tag{9.23}$$

この例の場合，リプル率は 0.22% になります．

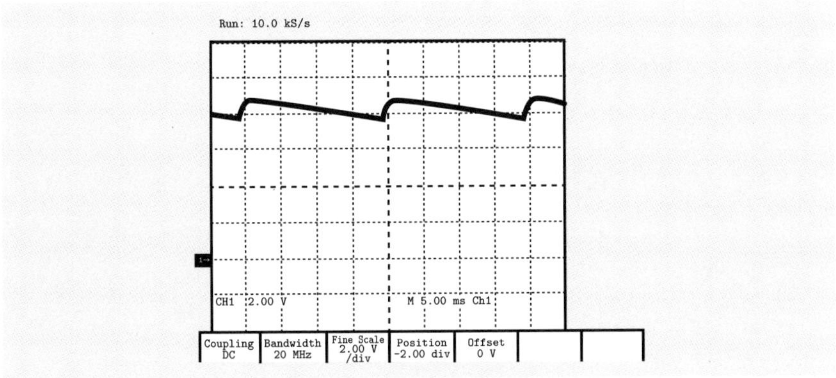

図 9.11 直流電圧測定波形

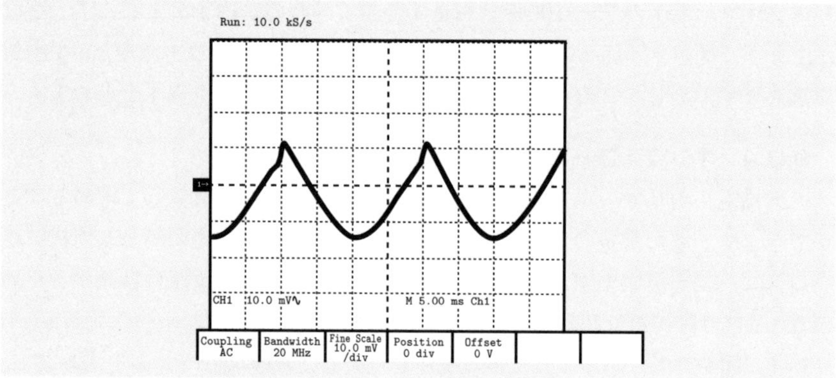

図 9.12 リプル電圧測定波形

9.3.5 ツェナーダイオードを用いる方法

ツェナーダイオードは逆方向電圧を印加するとき，ツェナー電圧と呼ばれる一定の電圧が出力される素子です．いま，**図 9.13** のように多段に直列接続したツェナーダイオードに高電圧 V_{H} [V] を印加して一定電流を流すとき，定電流源の両端に生じる電圧 V_{out} [V] とツェナー電圧 V_{ZD} [V] との和が印加電圧 V_{H} [V] になります．この原理を用いた測定器は定格 600 kV の機器がロシアで国家標準器として運用されています．

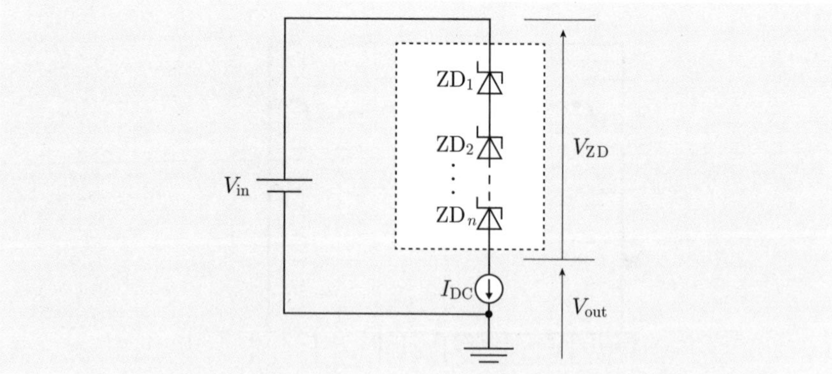

図 9.13 ツェナーダイオードを用いた直流高電圧測定回路

9 章の演習問題

□ **9.1** 電圧が 100 kV クラスで周波数が 50 Hz の高電圧がある．図 9.2 の右図の回路を用いて，高電圧実効値 V_i [V] を測定したい．C_1 に 100 pF の標準コンデンサを用いるとき，必要な電流計の定格電流はいくらになるか計算せよ．

□ **9.2** オシロスコープを用いてリプル率を測定する場合の，オシロスコープの設定を示せ．また，図 9.14 のような測定波形が得られたときのリプル率を計算せよ．ただし測定器のスケールファクタは 10000 であるとする．

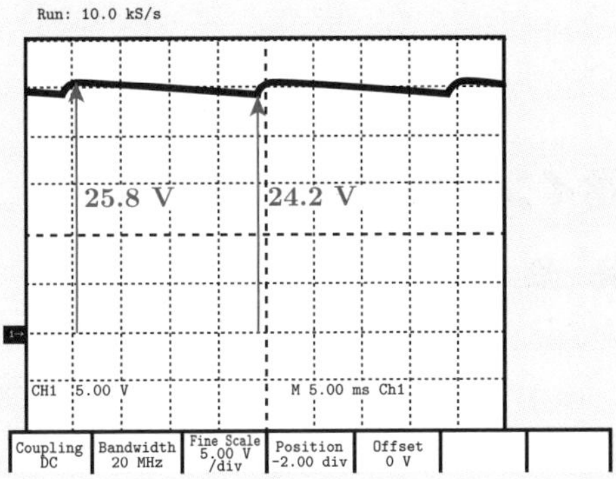

図 9.14

第10章

インパルス電圧の測定

インパルス電圧の測定対象は，波高値，波形パラメータ（波形，波頭長，波尾長，裁断までの時間）があげられます．これらのパラメータを測定するために，交流，直流高電圧と同様に球ギャップ，分圧器，オシロスコープおよび波高電圧計などが用いられます．本章では，これらの測定装置を用いてインパルス電圧を測定する方法について説明を行います．

10.1　雷インパルス電圧の測定

10.1.1　測　定　回　路

分圧回路とオシロスコープによる**インパルス電圧**の測定はインパルス電圧の波形パラメータの測定に不可欠です．図 10.1 にインパルス電圧測定システムの基本回路を示します．インパルス電圧測定システムは分圧器，伝送システムそして測定器で構成されています．分圧回路は測定する高電圧をできるだけ正確に測定器（オシロスコープ）に伝送することが必要です．その目的のために図 10.2

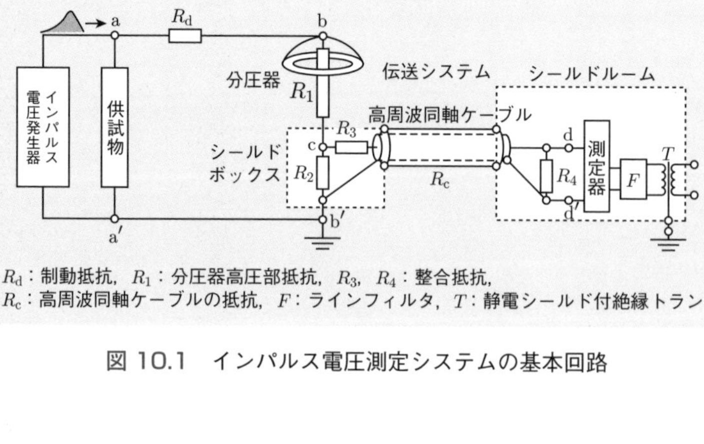

R_d：制動抵抗，R_1：分圧器高圧部抵抗，R_3，R_4：整合抵抗，
R_c：高周波同軸ケーブルの抵抗，F：ラインフィルタ，T：静電シールド付絶縁トランス

図 10.1　インパルス電圧測定システムの基本回路

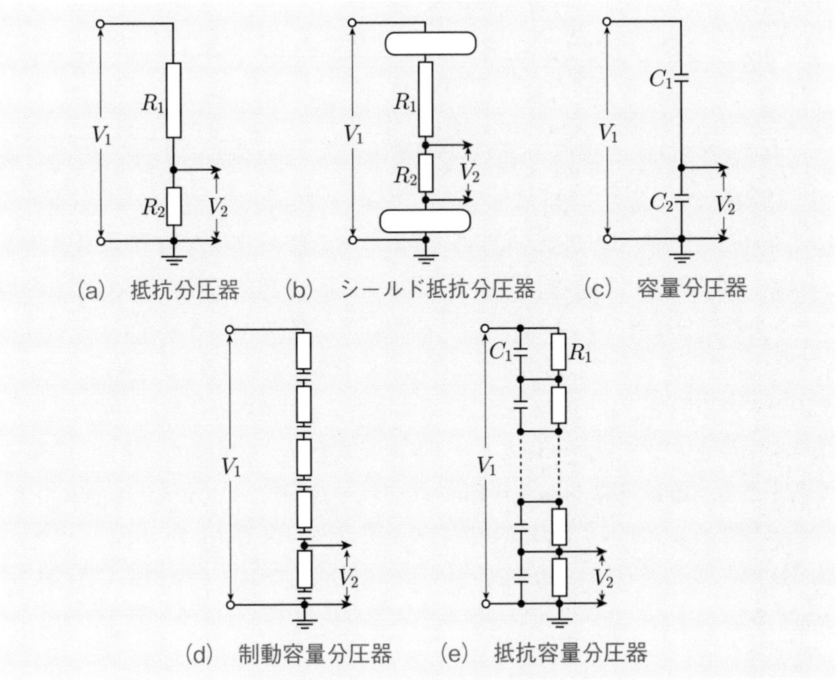

図 10.2　インパルス測定用分圧器

に示すような様々な形式の分圧器が開発されています．(a) は一般的な抵抗分圧器で，インパルス電圧測定用としては 1928 年にアメリカの Westinghouse によって 2000 kV 用分圧器が初めて製造されました．高圧部抵抗 R_1 は通常，数 kΩ から数十 kΩ の大きさの抵抗が用いられます．**図 8.1** に示したインパルス電圧発生器の放電抵抗と並列に接続されることから，出力波形，特に波尾長に影響を与えるためインパルス電圧発生器の回路定数決定の際には放電抵抗の一部として考慮されます．

低圧部には，測定器の定格電圧の範囲内の電圧 V_2 を生じさせるために必要な抵抗値が選択されます．9.2.1 項や 9.3.1 項でも述べたように

$$V_1 = \frac{R_1 + R_2}{R_2} V_2 \tag{10.1}$$

の関係が成立し，$\frac{R_1+R_2}{R_2}V_2$ を分圧器の**スケールファクタ**と呼びます．**図 10.1**

に用いられるスケールファクタ S.F. は，

$$\mathrm{S.F.} = \frac{(R_{\mathrm{d}} + R_1 + R_2)(R_3 + R_4 + R_{\mathrm{c}}) + (R_{\mathrm{d}} + R_1)R_2}{R_2 R_4} \qquad (10.2)$$

で表すことができます．

高電圧測定用の分圧器は一般に大型となるため，対地浮遊静電容量や，抵抗体相互間に発生する静電容量が発生し，分圧器の電位分布が均一にならないために印加された波形が正確に低圧部に再現されず波形はひずみます．これを防止するために**図 10.2**(b) に示すように分圧器の両端にシールド電極を設けたものが**シールド抵抗分圧器**です．このシールド電極間に生じた静電容量によって抵抗体へ電流を流し，それによって低圧部に生じる波形を補償する役割を持っています．シールドの形状やかぶりの深さは，電荷重畳法などの電界計算を行って決定する場合や，後述するステップレスポンス測定試験を行って実験的に決定する場合があります．1937 年に General Electric のハーゲンガス（Julius Hagenguth）によって初めてシールド分圧器が開発されて以来，現在最も多く用いられている分圧器の形式がシールド抵抗分圧器です．代表的なシールド抵抗分圧器である，わが国のインパルス計測システム最上位に位置する分圧器を**図 10.3**(a) に示します．

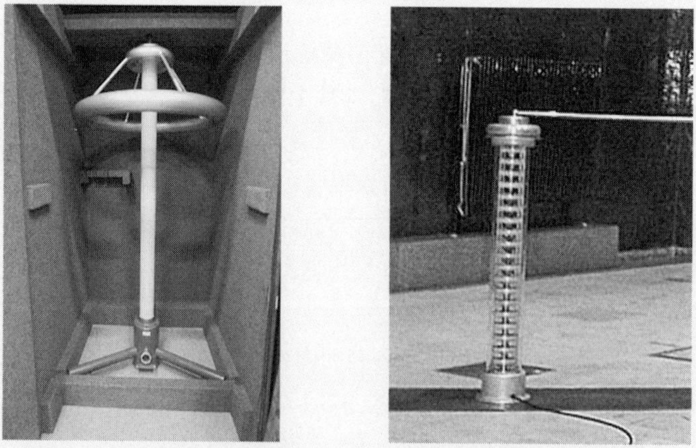

(a)　シールド抵抗分圧器（日本）　　(b)　制動容量分圧器（ドイツ）

図 10.3　インパルス測定用基準分圧器

図 10.2(c) は 9.2.1 項でも述べた**容量分圧器**です．1920 年代には送電線に重畳する雷サージの測定のためにがいしの静電容量を利用したがいし分圧器が用いられました．しかし容量分圧器は接続線のインダクタンスやコンデンサの残留インダクタンスがコンデンサの静電容量と共振してしまい，分圧器内に往復振動が生じる場合があります．そのため，多くの容量分圧器には制動抵抗が直列に接続されています．しかしながら通常 1 個の制動抵抗だけでは局部振動を完全に防止することはできません．そのため 1964 年にチューリッヒ工科大学のチェンゲル（Walter Zaengl）は**図 10.2**(d) に示すように容量分圧器の高圧部コンデンサを複数直列接続し，その間に制動抵抗を配した**制動容量分圧器**を開発しました．この分圧器は局部振動が完全に抑圧されたばかりでなく，優れた応答特性を持つ分圧器で，ドイツの国家標準として用いられているほかに広く産業界で採用されています．**図 10.2**(e) の分圧器は制動容量分圧器の各段に並列に高抵抗を接続した**抵抗容量分圧器**です．並列に接続した高抵抗によって，インパルス電圧ばかりでなく，直流電圧まで測定可能であるため，汎用分圧器とも呼ばれています．

分圧回路の性能はスケールファクタと応答特性で示すことができます．応答特性はステップレスポンス測定と呼ばれる方法で評価を行います．これは**図 10.1** において aa′ 間にステップ（直角波）電圧を分圧器に入力したときに dd′ に現れる波形で応答特性を評価する目的のほかに，長期にわたる安定性の確認や，コンボリューション（畳み込み演算）を用いた測定システムの評価にも用いられています．

10.1.2　球ギャップによる波高値の測定

球ギャップを用いた測定において，あるギャップ長 d [mm] で電圧 V [kV] を印加する場合，n [%] の確率で破壊放電が起こったとします．この電圧を n% スパークオーバ電圧といい，V_n と表記します．通常は，**50% スパークオーバ電圧** V_{50} が用いられます．この 50% スパークオーバ電圧は，標準雷インパルス電圧の場合と AC 電圧の場合では同一の値をとるので，交流高電圧測定の場合と同様に，標準球ギャップを用いてインパルス電圧の波高値を測定することが可能です．

11.3 節で説明する試験所認定を球ギャップで取得した試験所の例を**図 10.4**

に示します．

また $\frac{\phi}{d}$ が大きい範囲では，正極性の 50% スパークオーバ電圧が負極性よりもわずかに高いため，**表 10.1** に示すように**表 9.3** とは別の表が規定されています．

さらに ϕ が 12.5 cm 以下の場合や，50 kV 以下の場合には紫外線の照射を推奨しています．交流電圧測定時には紫外線ランプを照射しますが，インパルス電圧の場合にはインパルス電圧発生器の球ギャップスイッチの放電によって生じる放電光で紫外線を照射することができます．また，保護抵抗は，接続線に起因する重畳振動を減衰させるために 500 Ω より小さい無誘導抵抗が接続されます．V_{50} の測定は，マルチレベル法や昇降法を用いて行います．

図 10.4　標準球ギャップの例
(IRL, ニュージーランド)

マルチレベル法

マルチレベル法は，予想される印加電圧値とその ±1% および ±2% の電圧値の計 5 点に対応するギャップ長に調整した標準球ギャップに 10 回以上電圧を印加して V_{50} を推定する方法です．この場合には，決定した V_{50} に対応するギャップ長において，V_{50} よりも 1% 低い電圧を 15 回印加してスパークオーバが 2 回以上発生しないことを確認しなければなりません．

昇　降　法

昇降法は，スパークオーバ電圧の分布が印加電圧に対して正規累積分布になると見なし，50% スパークオーバ電圧を求めるための測定方法です．標準球ギャップを用いた昇降法は以下の手順で測定を行います．

(a)　必ず放電する電圧の最低値 V_{100} と絶対放電しない電圧 V_0 の最大値を事前に実験で求めておき，以下の式で印加電圧の概略推定値 V_{50} と標準偏差 σ' の初期推定値を決定します．

表 10.1　スパークオーバ電圧波高値

ギャップ長	球の直径 (D) [cm]											
(S) [cm]	**2**	**5**	**6.25**	**10**	**12.5**	**15**	**25**	**50**	**75**	**100**	**150**	**200**
0.05												
0.10												
0.15												
0.20												
0.25												
0.30	11.2	11.2										
0.40	14.4	14.3	14.2									
0.50	17.4	17.4	17.2	16.8	16.8	16.8						
0.60	20.4	20.4	20.2	19.9	19.9	19.9						
0.70	23.2	23.4	23.2	23.0	23.0	23.0						
0.80	25.8	26.3	26.2	26.0	26.0	26.0						
0.90	28.3	29.2	29.1	28.9	28.9	28.9						
1.0	30.7	32.0	31.9	31.7	31.7	31.7	31.7					
1.2	(35.1)	37.8	37.6	37.4	37.4	37.4	37.4					
1.4	(38.5)	43.3	43.3	42.9	42.9	42.9	42.9					
1.5	(40.0)	46.2	45.9	45.5	45.5	45.5	45.5					
1.6		49.0	48.6	48.1	48.1	48.1	48.1					
1.8		54.5	54.0	53.5	53.5	53.5	53.5					
2.0		59.5	59.0	59.0	59.0	59.0	59.0	59.0	59.0			
2.2		64.0	64.0	64.5	64.5	64.5	64.5	64.5	64.5			
2.4		69.0	69.0	70.0	70.0	70.0	70.0	70.0	70.0			
2.6		(73.0)	73.5	75.5	75.5	75.5	75.5	75.5	75.5			
2.8		(77.0)	78.0	80.5	80.5	80.5	81.0	81.0	81.0			
3.0		(81.0)	82.0	85.5	85.5	85.5	86.0	86.0	86.0	86.0		
3.5		(90.0)	(91.5)	97.5	98.0	98.5	99.0	99.0	99.0	99.0		
4.0		(97.5)	(101)	109	110	111	112	112	112	112		
4.5			(108)	120	122	124	125	125	125	125		
5.0			(115)	130	134	136	138	138	138	138	138	
5.5				(139)	145	147	151	151	151	151	151	
6.0				(148)	155	158	163	164	164	164	164	
6.5				(156)	(164)	168	175	177	177	177	177	
7.0				(163)	(173)	178	187	189	190	190	190	
7.5				(170)	(181)	187	199	202	203	203	203	
8.0					(189)	(196)	211	214	215	215	215	
9.0					(203)	(212)	233	239	240	241	241	
10					(215)	(226)	254	263	265	266	266	266
11						(238)	273	287	290	292	292	292
12						(249)	291	311	315	318	318	318
13							(308)	334	339	342	342	342
14							(323)	357	363	366	366	366
15							(337)	380	387	390	390	390
16							(350)	402	411	414	414	414
17							(362)	422	435	438	438	438
18							(374)	442	458	462	462	462
19							(385)	461	482	486	486	486
20							(395)	480	505	510	510	510
22								510	545	555	560	560
24								540	585	600	610	610
26								570	620	645	655	660
28								(595)	660	685	700	705
30								(620)	695	725	745	750
32								(640)	725	760	790	795
34								(660)	755	795	835	840
36								(680)	785	830	880	885
38								(700)	(810)	865	925	935
40								(715)	(835)	900	965	980
45									(890)	980	1060	1090
50									(940)	1040	1150	1190
55									(985)	(1100)	1240	1290
60									(1020)	(1150)	1310	1380
65										(1200)	1380	1470
70										(1240)	1430	1550
75										(1280)	1480	1620
80											(1530)	1690
85											(1580)	1760
90											(1630)	1820
100											(1720)	1930
110											(1790)	(2030)
120											(1860)	(2120)
130												(2200)
140												(2280)
150												(2350)

$$V'_{50} = \frac{V'_{100} + V'_0}{2}, \tag{10.3}$$

$$\sigma' = \frac{V'_{100} - V'_0}{5} \tag{10.4}$$

(b)　最初の印加電圧 V_0 を $V_0 = V'_{50}$，電圧変動幅 V_d を $V_\mathrm{d} = \sigma'$ として球ギャップに電圧 V_0 を印加します．

(c)　スパークオーバした場合には，つぎの印加電圧 V_1 の値を $V_1 = V_0 - V_\mathrm{d}$，スパークオーバしなかった場合には $V_1 = V_0 + V_\mathrm{d}$ として次の電圧を印加します．

(d)　以下同様にしてスパークオーバした場合には，つぎの印加電圧値を V_d 減じ，スパークオーバしなかった場合には V_d 増加して 30～40 回電圧を印加します．

(e)　スパークオーバしなかった回数（スパークオーバした回数のほうが少ない場合にはスパークオーバした回数）を N とします．各電圧レベル i における度数をレベルの低いものから $n_0, n_1, n_2, \ldots, n_k$ とおけば，

$$V_{50} = V_L + V_\mathrm{d}\left(\frac{A}{N} \pm \frac{1}{2}\right), \tag{10.5}$$

$$\sigma = 1.62V_\mathrm{d}\left(\frac{NB - A^2}{N^2} + 0.029\right) \tag{10.6}$$

ここに

$$N = \sum_{i=0}^{k} n_i, \quad A = \sum_{i=0}^{k} in_i, \quad B = \sum_{i=0}^{k} i^2 n_i$$

また，V_L は $i = 0$ における電圧であり，$\pm$ はスパークオーバしなかった回数を N とするときには $+$ を，スパークオーバした回数を N とするときには $-$ を選択します．

つぎに，昇降法試験の計算例を示します．$V_0 = 300\,\mathrm{kV}$，$V_\mathrm{d} = 2\,\mathrm{kV}$，$n = 40$ とした場合の試験結果を**表 10.2** に示します．表中，スパークオーバしたときに○で記し，つぎの回の印加電圧を下げます．スパークオーバしなかったときには×で記し，つぎの回の印加電圧を上げます．

40 回印加した時点でスパークオーバした回数を数えると 20 回，スパークオーバしなかった回数も 20 回です．ここではスパークオーバしなかっ

表 10.2　昇降法試験結果の例

		回数 n																			
		1	2	3	4	5	6	7	8	9	10	11	12	13	14	15	16	17	18	19	20
	306																				
印加	304															○					
電圧	302						○		○		○		○		×		○				
（kV）	300	○				×		×		×		×		×				○			
	298		○		×														○		×
	296			×																×	

		回数 n																			
		21	22	23	24	25	26	27	28	29	30	31	32	33	34	35	36	37	38	39	40
	306																				
印加	304																				
電圧	302																				
（kV）	300	○						○		○		○				○				○	
	298		○		○		×		×		×		○		×		○		×		×
	296			×		×								×				×			

表 10.3　昇降法計算の例

印加電圧（kV）	i	n_i	$i \cdot n_i$	$i^2 \cdot n_i$
304	4	0	0	0
302	3	1	3	9
300	2	5	10	20
298	1	8	8	8
296	0	6	0	0
Σ		20（$=N$）	21（$=A$）	37（$=B$）

た回数を採用して $N = 20$ とします．このとき $V_L = 296\,\mathrm{kV}$，$i = 4$ として A, B を**表 10.3** のように計算します．すると，V_{50} は 299.1 kV，標準偏差 σ は 2.5 kV となります．

10.2　開閉インパルス電圧の測定

開閉インパルス電圧の測定も，雷インパルス電圧の測定と同様に，標準球ギャップを用いた測定および分圧器と測定器を組み合わせた測定システムを用いた測定法があります．球ギャップを用いた測定の場合は，雷インパルス電圧の場合と同じ手順を用いますが，雷インパルス電圧の場合と異なり極性による変化がないことから，交流高電圧と同じ表 9.3 を用います．開閉インパルス電圧は波尾が数 ms と長いため，図 8.6 に示す開閉インパルス電圧発生回路において，放電抵抗 R_0 は雷インパルス電圧の回路と比較すると大きな値を持ちます．抵抗分圧器を用いて測定する場合には数百 kΩ 程度の高圧部抵抗を持つ分圧器が必要になりますが，放電抵抗の値は分圧器との並列接続になり，波尾が短くなるおそれがあります．そのため測定システムを用いて測定する場合には，分圧器は 10.1 節でも述べたとおり一般には容量分圧器，制動容量分圧器または抵抗容量分圧器が用いられます．わが国の最上位に位置する開閉インパルス電圧測定用分圧器の写真を図 10.5 に示します．この分圧器はシールド抵抗分圧器であり，高圧部抵抗は 200 kΩ です．

図 10.5　開閉インパルス測定用標準分圧器

10.3　インパルス電流の測定

インパルス電流を測定するためには，大電流を電圧に変換する「変換装置」と電圧に変換された波形を記録する「測定器」が必要です．変換装置には，**分流器**，**高周波変流器**（CT），**ロゴウスキーコイル**などが一般に用いられています．分流器はインパルス電流発生回路に直列に挿入した低抵抗の両端に発生する電圧を測定する装置です．抵抗値は数 mΩ と低抵抗でありながら，数十 kA の電流が流れるため，その抵抗の両端には数 V から数十 V の起電力が生じます．また，応答特性の向上のために同軸円筒構造の同軸分流器が用いられます．図 10.6 に分流器の構造を，また図 10.7 に同軸分流器の写真を示します．この分流器は，わが国の最上位に位置する予定で開発が進められているもので，抵抗値 1 mΩ，定格電流 200 kA です．これまで国内主要試験所ならびに，ドイ

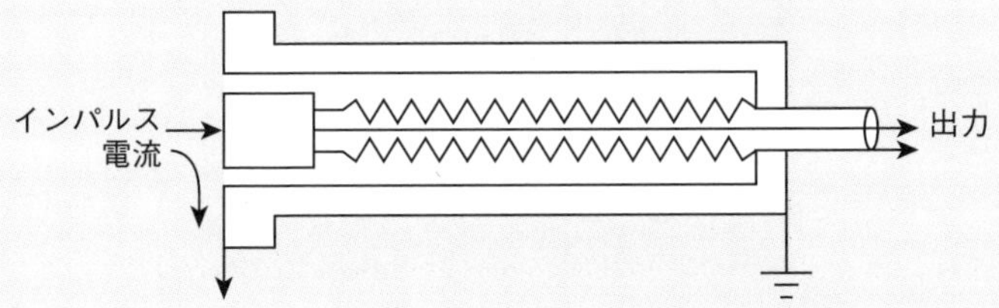

図 10.6　インパルス測定用同軸分流器の構造

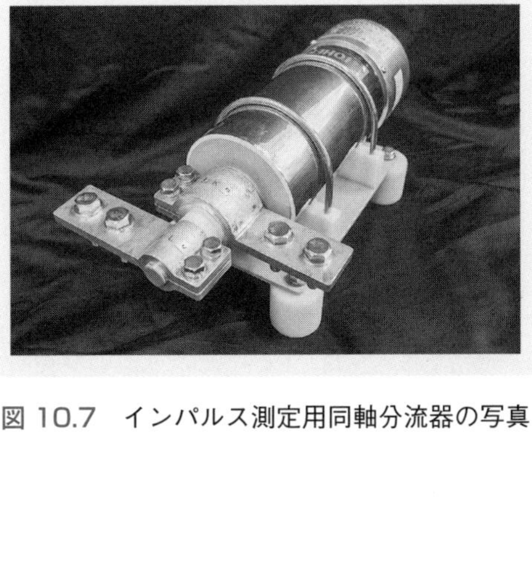

図 10.7　インパルス測定用同軸分流器の写真

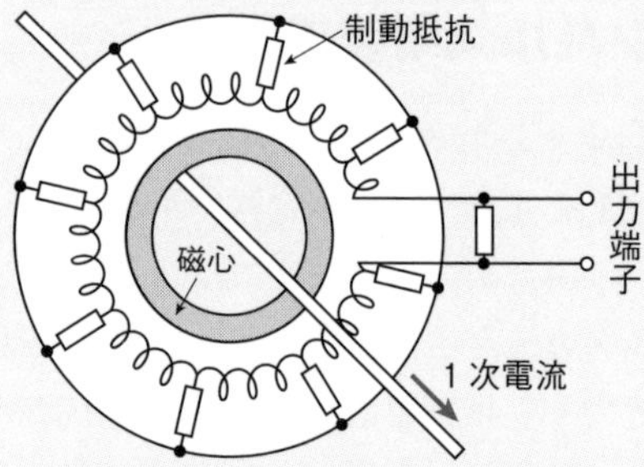

図 10.8　高周波変流器の構造

図 10.9　高周波変流器（pearson110 型）

ツ，韓国との間で国際・国内比較試験が行われたときの巡回基準器として用いられています．

高周波変流器は電流回路に直接接続する必要がないこと，電流回路と絶縁できることなどの利点を持っています．高周波変流器の構造は，図 10.8 に示すように高周波用環状磁心の周囲に巻かれた 2 次巻線と，制動抵抗によって構成されています．被測定電流を 1 次電流として環状磁心の中心を流すことで 2 次巻線には 1 次電流と比例した誘導起電力が発生します．これを測定することによって電流を測定する仕組みです．高周波変流器には，感度（1 次電流に対する 2 次出力電圧の比），定格電流，定格 IT 積（測定電流と継続時間の積），立ち上がり時間，ドループ（ステップ応答における波尾の低下率）などの特性があって，これらの定格値を注意して使用しなければいけません．しかし，電流回路と独立した回路を構築できるため，電流回路の接地点を気にせず測定回路を造ることが可能なため広く用いられています．実際の高周波変流器の例を**図 10.9** に示します．この高周波変流器は Pearson Electronics 製であり，その定格は**表 10.4** のとおりです．

表 10.4　高周波変流器（pearson110 型）の定格

感度	0.1 V/A
定格ピーク電流値	5000 A
定格電流 rms 値	65 A
ドループ	0.8%/ms
最大 IT 積	0.5 A · s

ロゴウスキーコイルはロゴウスキー（Walter Rogowski）が開発した高周波変流器と同様に電流回路に直接接続せずに電流を測定する装置です．ロゴウスキーコイルの構造は，**図 10.10** に示すように鉄心のないコイルによって電流センサが構成されています．鉄心がないため発熱や定格 IT 積などの問題がなく，広い周波数帯域で使用する事が可能です．コイル端子には電流を微分した電圧が誘起されるため，測定器との間に積分器を接続して 1 次電流と比例した誘導起電力を得ています．

ロゴウスキーコイルの使用例としては，東京スカイツリーに長さ 30 m のロゴウスキーコイルが設置され雷が観測されています．

（https://www.gov-online.go.jp/eng/publicity/book/hlj/html/201710/201710_09_jp.html）

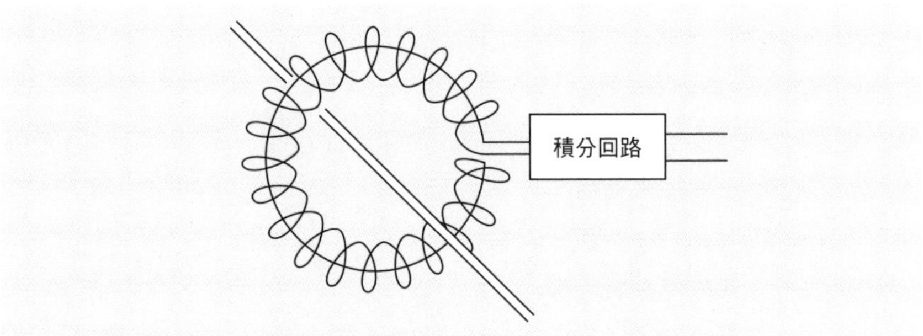

図 10.10　ロゴウスキーコイルの構造

10章の演習問題

□ **10.1**　抵抗分圧器と汎用オシロスコープを用いて 500 kV が測定可能な雷インパルス電圧測定システムを構築したい．どのような点に注意すべきか述べよ．

□ **10.2**　半径 50 cm 標準球ギャップを用いて正極性の雷インパルス電圧を測定したとき，ギャップ長が $S = 3.5$ cm のとき放電確率が 50% となった．このときの電圧はいくらか．ただし測定時の気温，湿度および気圧はそれぞれ 28°C，15 g/m^3，1013 hPa とする．

第11章

高電圧測定システム

高電圧測定システムは，耐電圧を担保するために一般的に大きな装置で構成されます．装置が大型になるために，残留インダクタンスや対地浮遊容量，装置間の静電容量の影響を受けて，インパルス電圧等の試験波形がひずんでしまい，正しい測定結果が得られない可能性があります．また高電圧機器の試験に用いる測定システムは，その性能を保証するためにあらかじめパラメータが既知の波形を用いて校正しなければなりません．IEC 規格では校正を行うために必要な試験の方法について詳細に規定していて，この試験を性能試験といいます．本章では，高電圧測定システムに必要な性能試験についてその内容を学習します．また，性能を表すための「不確かさ」や，「トレーサビリティ」，そして測定システムを持つ試験所の認定制度についても説明します．

11.1　測定システムの性能試験

11.1.1　測定の不確かさとトレーサビリティ

測定値の信頼性を表す語句として，従来は「精度」や「誤差」が用いられてきました．しかしこれらの用語を用いる際には前提条件として，「真の値」が明確になっている必要があります．しかしながら測定機器は測定限界を持っていることから「真の値」を示すことはできません．たとえば，100.000 V（5.5 桁）が測定できる電圧計を考えます．この電圧計の測定範囲は 0.000～±100.000 V で，測定限界は 1 mV となります．ある電圧を測定して，その表示値が 12.345 V であったとき，真の値は 12.3445 V から 12.3454 V の範囲に存在することになり，真の値はわかりません．何桁の電圧計を用いた場合でも，同じようにつぎの桁の測定はできないため真の値はわかりません．そこで，測定値の信頼性を表現する方法として「一定の範囲内に真の値が存在することを証明しうる値」を用いる考え方が一般的になりつつあります．これは**測定の不確かさ**という用語で呼ばれていて，限界範囲内に真値が存在する確率（信頼の水準）とともに表現します．信頼の水準は，一般には95%が用いられていますが，特に高信頼性が必要である場合には99%が用いられることがあります．また95%を2σ，99%を3σということもあります．

国際標準化や国際整合性の流れを受けて計量標準を持つ分野の測定値の信頼性は，ほぼ「不確かさ」の用語が定着しています．また**トレーサビリティ**とは「不確かさが明示された切れ目のない比較の連鎖で，国家または国際標準に結び付られる計測の特性」と定義されています．つまり，一般の高電圧試験に用いる測定システムを校正する際には，「測定の不確かさ」の値を持っている校正機関で校正を行い，測定システムの測定の不確かさを評価します．その校正機関も，上位校正機関で校正を行って，測定の不確かさを評価し，校正の最高位である国家または国家標準にまで校正がつながっていることを「トレーサビリティが確立している」といいます．

また，各国の国家標準同士もお互いに比較しあって，お互いの持つ測定システムの性能が同等であることを確認します．これをコンパチビリティ（国際同等性）といいます．

トレーサビリティを確立するために，高電圧測定システムには3段階の測定システムがあります．**認可測定システム**（AMS）は一般の高電圧試験所でインパルス試験に使用される測定システムです．認可測定システムを校正するための測定システムが**基準測定システム**（RMS）であり，通常は校正試験所がこれを保有しています．そしてRMS基準測定系を校正する測定システムが**国家標準測定システム**（NS）です．このように，上位から下位までの各測定システムが校正の連鎖で結び付けられており，かつ不確かさを明示された場合に「トレーサビリティが確立している」といえます．

基準および認可測定システムに対する要求事項については，IEC 60060-2で**表11.1**のように規定されています．さらに国家標準測定システムについては，各国の国家標準保有機関が自らの責任で不確かさの値を公表しています．

2020年現在における世界各国で高電圧技術を有している国家機関研究所の例を**表11.2**に示します．これらの機関は2015年から2020年にかけてインパルス電圧の国際比較試験を実施しています．このように定期的に技術開発や相互比較試験を実施してその性能の維持に務めています．

表 11.1　測定システムに対する **IEC 60060-2** の測定の不確かさの要求事項

		不確かさ（%）	
		基準測定系	認可測定系
直流高電圧	V_{m}	1	3
	ripple	3	10
交流高電圧	V_{m}	1	3
雷インパルス電圧	V_{p}	1	3
	T_1, T_2	5	10
開閉インパルス電圧	V_{p}	1	3
	T_{p}, T_2	5	10

表 11.2　高電圧設備を有する国家機関の例

機関名	略称	国名
SP Technical Institute of Sweden	SP	スウェーデン
Istituto Nazionale di Ricerca Metrologia	INRIM	イタリア
Laboratorio Central Oficial de Electrotecnia	LCOE	スペイン
Laboratorie national de metrologie et d'essais	LNE	フランス
Centre for Metrology and Accreditation	MIKES	フィンランド
Physikalisch-Technische Bundesanstalt	PTB	ドイツ
Ulusal Metrologi Enstitusu	UME	トルコ
National Metrology Institute of Australia	NMIA	オーストラリア

11.2　測定システムの性能試験

認可測定システムは，**性能試験**と呼ばれる試験を実施して測定に必要な指定スケールファクタの値とその不確かさが決められます．IEC 60060-2 の規定では，保有する高電圧測定システムに対する性能試験は少なくとも 5 年に 1 度は実施して指定スケールファクタの値を決定しなければなりません．**表 11.3** に性能試験の種類をあげます．またそれぞれの試験に対する実施方法を示すとともにわが国の最上位に位置するインパルス電圧測定用標準分圧器および分流器に対する試験を例にあげて示します．

表 11.3　高電圧測定システムの性能試験

試験の種類	直流電圧	交流電圧	インパルス電圧
スケールファクタ	○	○	○
直線性	○	○	○
長期安定性	○	○	○
近接効果	○	○	○
電磁干渉			○
動特性		○	○
応答特性	○	○	○

11.2.1　指定スケールファクタの決定

測定システムの指示値が正しい値を示すためには，定期的な校正を実施して**指定スケールファクタ**を用いる必要があります．指定スケールファクタを決定するためには，**比較校正試験**を行います．

比較校正試験の手順の概略は以下のとおりです．

まず，トレーサビリティが担保されている上位測定系（参照標準）と並列に被校正測定系を接続します．つぎに両測定系に対して，電圧を複数回同時に印加します．そしてその際に得られた参照測定系の測定値をもとにして被校正測定システムのスケールファクタの値を決定します．

インパルス電圧の比較試験は，図 11.1 に示すような試験回路で実施します．

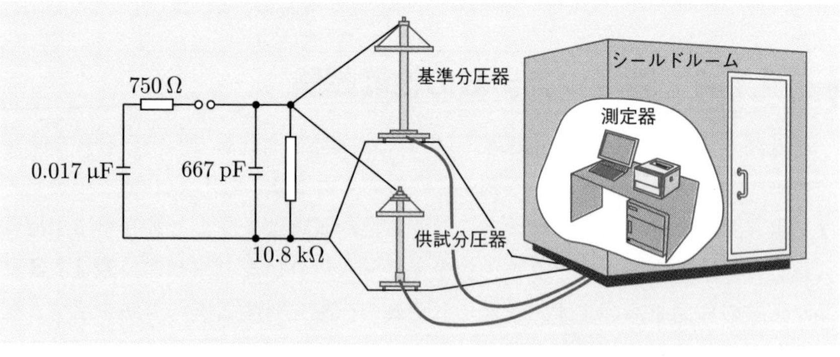

図 11.1　インパルス電圧の比較試験回路

図中の回路定数は標準雷インパルス電圧（1.2/50 impulse）を出力するための一例で，この回路の出力に基準分圧器と供試分圧器を並列に接続しておき，インパルス電圧を 10 回以上印加してそれぞれの測定システムで波形パラメータを測定します．

表 11.4 は標準測定系と基準測定系間で実施した 500 kV 雷インパルス電圧を用いた比較試験結果です．

供試測定システムでの波高値の読みを V_{T_i}（$i=1,2,\ldots,10$），参照測定システムでの波高値の読みを V_{R_i}（$i=1,2,\ldots,10$）とすると，その比 $V_{\mathrm{T}_i} \div V_{\mathrm{R}_i}$ を計算してスケールファクタ F_i を求めます．

スケールファクタの平均値と供試分圧器に用いた初期スケールファクタを乗じた値が指定スケールファクタになります．またスケールファクタの標準偏差は，測定の不確かさを算出する際に不確かさ寄与成分として用います．また，インパルス電流の比較試験は，**図 11.2** に示すような試験回路で実施します．分流器 A と分流器 B を接地点について対称に配置して，それぞれ同軸ケーブルで測定室に設置されたレコーダに接続します．それぞれのレコーダは独立した絶縁トランスを用いて電源を供給するとともに，筐体接地は行ってはいけま

表 11.4　インパルス電圧測定システムの比較試験結果例

回数	V_{T_i} [kV]	V_{R_i} [kV]	F_i
1	499.51	502.24	0.99456
2	499.26	502.63	0.99330
3	499.47	502.45	0.99407
4	499.42	502.88	0.99312
5	499.54	502.60	0.99391
6	499.46	502.45	0.99405
7	499.35	502.15	0.99442
8	499.37	501.96	0.99484
9	499.12	502.35	0.99357
10	499.42	502.43	0.99401
平均	499.39	502.41	0.99399
標準偏差	0.13	0.26	0.00

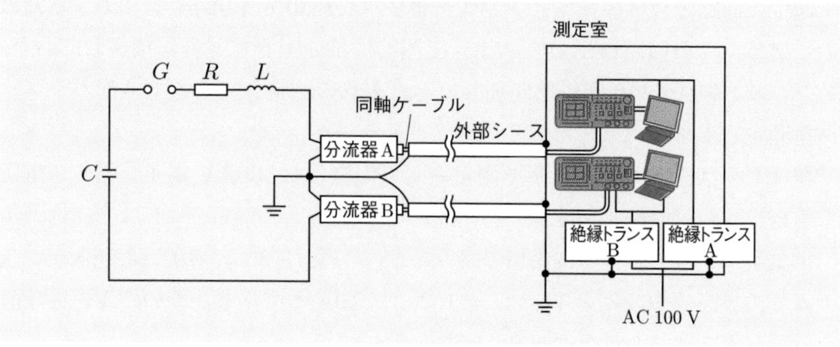

図 11.2　インパルス電流の比較試験回路
（分流器同士の比較）

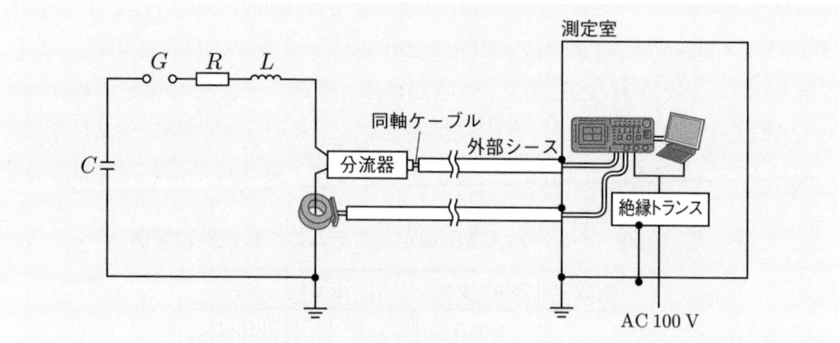

図 11.3　インパルス電圧の比較試験回路
（分流器と高周波変流器またはロゴウスキーコイルとの比較）

せん．レコーダに接続するパソコンも同様に接地してはいけません．また，分流器と高周波変流器またはロゴウスキーコイルとの間で比較試験を行う場合には**図 11.3** に示す試験回路を用います．インパルス電流は統計学的信頼性を担保するために最低でも 10 回印加して試験を実施します．

つぎに**図 11.2** の回路を用いて比較試験を実施した場合について例をあげます．

各印加電圧においてそれぞれの波形パラメータのスケールファクタを求め，それらの平均値と標準偏差を算出して指定スケールファクタを決定します．**表 11.5** は 8/20 impulse current の波形を用いて実施した 10 kA レベルの比較試験結

表 11.5 インパルス電流測定システムの比較試験結果例

回数	I_{T_i} [kA]	I_{R_i} [kA]	F_i
1	10.483	10.53	0.996
2	10.472	10.52	0.995
3	10.467	10.53	0.994
4	10.456	10.53	0.993
5	10.461	10.52	0.994
6	10.449	10.52	0.993
7	10.462	10.52	0.994
8	10.449	10.53	0.992
9	10.460	10.53	0.993
10	10.465	10.52	0.995
平均	10.462	10.53	0.994
標準偏差	0.010	0.01	0.001

果の例です．インパルス電流の場合も雷インパルス電圧と同様の手順でスケールファクタおよび標準偏差を求めます．

11.2.2 直線性試験

測定システムの動作範囲内でスケールファクタが所定の変動範囲以内にあることを確認する試験を**直線性試験**といいます．直線性試験は測定システムの最小，最大電圧を含む均等な 5 点の電圧値において，11.2.1 項で述べた測定システムのスケールファクタの測定試験を行います．これら 5 点のスケールファクタをスケールファクタの平均値から差をとって非直線性を求めます．図 11.4 にその概念を示しますが，偏差 Δ のうち，最も大きい偏差を測定の不確かさを算出する際に不確かさ寄与成分として用います．

定格 1200 kV の RMS を供試測定系として標準測定系に対する直線性試験を実施する際の試験概要ならびに処理方法は以下のとおりです．

(1) 全波標準雷インパルス電圧（1.2/50 impulse）を 100 kV から 500 kV まで 100 kV ステップで比較試験を実施する．

(2) 基準測定系と供試測定系は接続点においてそのお互いの角度が 90° となるように Y 字接続する（図 11.1 参照）．

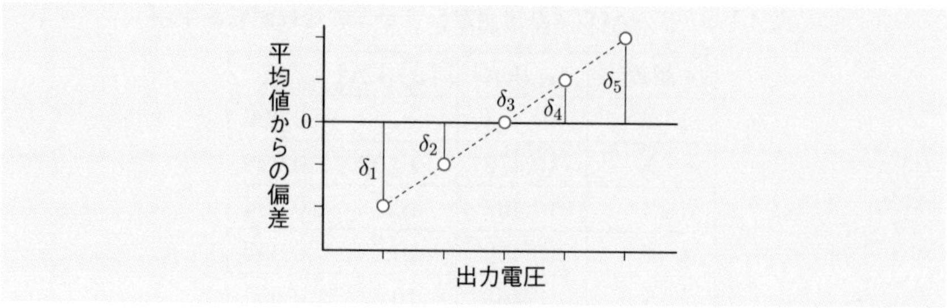

図 11.4　直線性試験

(3)　各電圧レンジにおいて 10 回ずつ電圧を印加してそれぞれに供試測定系の波高値の読み V_{T_i} を基準測定系の波高値の読み V_{R_i} で除し，スケールファクタ F_i（$i = 1, 2, \ldots, 10$）を求める．

(4)　F_i の平均値 F_{m} および実験標準偏差を算出し，それぞれの電圧レベルにおける F_{m} を平均して $F_{\mathrm{m \cdot ave}}$ を算出する．

(5)　$F_{\mathrm{m \cdot ave}}$ からの F_{m} の偏差を各電圧レベルでの電圧特性とする．

試験結果を表 11.6 および図 11.5 に示します．

表 11.6　インパルス電圧測定システムの直線性試験結果例

電圧（kV）	100	200	300	400	500
偏差（%）	−0.24	−0.07	0.07	0.11	0.12
標準偏差（%）	0.03	0.04	0.04	0.02	0.03

IEC 60060 では，直線性試験について上に述べた RMS との比較試験のほかに以下の**代替試験法**を定めています．

- AMS との比較
- 直線性がある高電圧発生器の入力電圧との比較
- 電界強度測定器との比較
- 標準球ギャップとの比較
- 多段式分圧器の各段ごとに対する試験

ここでは 2 番目の高電圧発生器との比較による直線性試験を上記の 1200 kV の RMS 測定系に対して実施した例を示します．比較試験による試験を実施する場合には，標準測定系も高い定格電圧を持つ必要がありますが，この方法を用

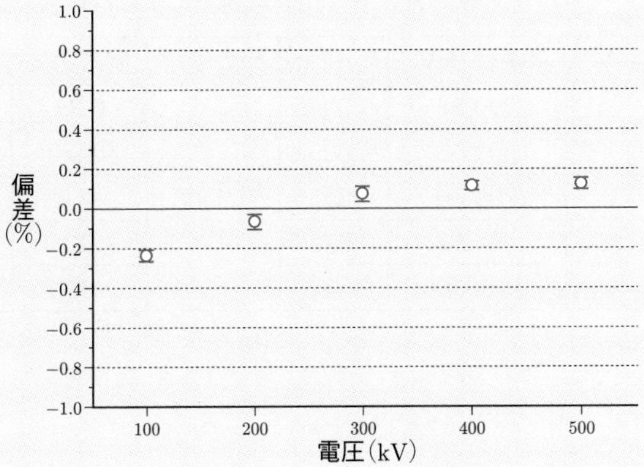

図 11.5　直線性試験結果例

いることでその必要性はなくなるため，たいへん有用な試験方法であるといえます．試験概要ならびに処理方法は以下のとおりです．

(1)　印加電圧は全波標準雷インパルス電圧（1.2/50 impulse）を 100 kV から 500 kV まで 100 kV ステップとする．

(2)　基準とする電圧はインパルス発生器（IG）の充電電圧とする．

(3)　各電圧レンジにおいて 10 回ずつ電圧を印加してそれぞれに供試測定系の波高値の読み V_{T_i} と IG の充電電圧のメータの読み V_{DMM} の比 F_i（$i = 1, 2, \ldots, 10$）を求める．

(4)　F_i の平均値 F_{m} および実験標準偏差を算出し，それぞれの電圧レベルにおける F_{m} を平均して $F_{\mathrm{m \cdot ave}}$ を算出する．

(5)　$F_{\mathrm{m \cdot ave}}$ からの F_{m} の偏差を各電圧レベルでの電圧特性とする．

このように，代替試験法を用いた場合でもデータ処理方法は同一になります．この試験結果を表 11.7 および図 11.6 に示します．

つぎにインパルス電流測定系についての直線性試験について例を示します．インパルス電流測定システムとして図 10.7 に示した同軸分流器を用い，分流器を流れるインパルス電流によって上昇する温度の大きさを計算から求めて，抵抗の変化から直線性を推定する方法も有効とされています．温度上昇の計算は次式で求めることができます．

表 11.7　インパルス電圧測定系の代替試験法による直線性試験結果例

DMM 指示値（V）	波高値（kV）	比	比の平均	偏差（%）	標準偏差（%）
10.643	299.98	0.0355		0.38	0.02
17.738	501.55	0.0354		0.06	0.03
24.746	700.66	0.0353	0.0353	−0.08	0.04
31.757	899.87	0.0353		−0.15	0.05
38.824	1100.64	0.0353		−0.20	0.05

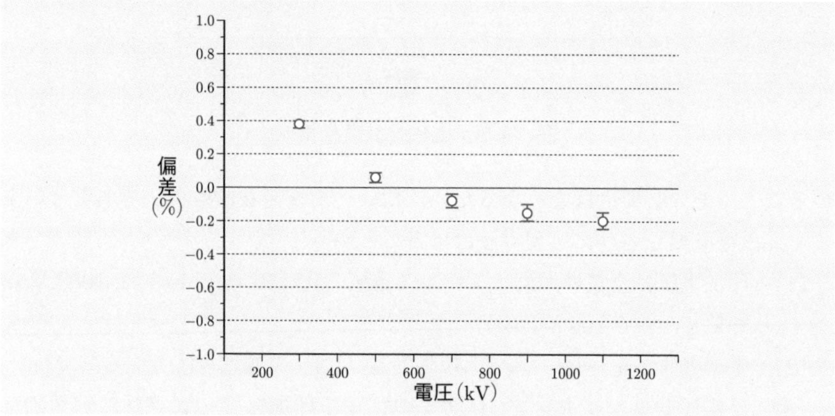

図 11.6　直線性試験結果例

$$\Delta t = \frac{W}{MS} \tag{11.1}$$

ここで，Δt：抵抗体の温度上昇，W：分流器抵抗中に生じる熱エネルギー，M：抵抗材料の質量，S：抵抗の比熱を表します．

続いてインパルス電流発生器（ICG）への充電電圧に対する直線性試験結果の例を示します．

図 11.7 に示す回路で 8/20 impulse current，20 kA のインパルス電流を印加する場合には，インパルス電流の発生波形は次式で表すことができます．

$$i(t) = \frac{\sqrt{\frac{C}{L}}}{1-\alpha^2} EC \exp\left(-\frac{\alpha}{\sqrt{LC}}t\right) \sin\left(\frac{\sqrt{1-\alpha^2}}{\sqrt{LC}}t\right) \tag{11.2}$$

ここで E は充電電圧で，20 kA を発生するためには，$E = 24.25\,\mathrm{kV}$ になります．

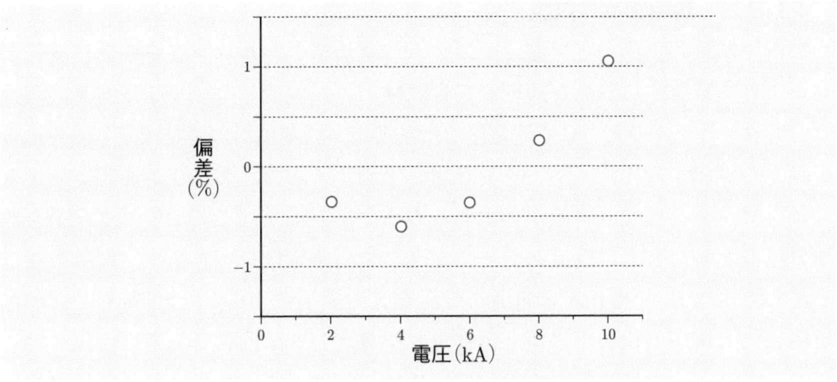

図 11.7　インパルス電流の直線性試験結果例

分流器のスペックが，$R_{\mathrm{s}} = 9.363\ \mathrm{m\Omega}$, $M = 75.73 \times 10^{-3}\ \mathrm{kg}$, $S = 435\ \mathrm{J/kg{\cdot}K}$ であるとき，分流器抵抗中に生じる熱エネルギー W は

$$W = \int_0^{\infty} i(t)^2 R_{\mathrm{s}}\, dt \qquad (11.3)$$

から求められ，これを計算すると $W = 47.2\ \mathrm{J}$ が得られます．したがって温度上昇 Δt は

$$\Delta t = \frac{47.2}{4.5 \times 75.73 \times 10^{-3}} = 1.43\ \mathrm{K} \qquad (11.4)$$

となります．分流器に用いられている材質をカーマロイ線とすると，**表 11.8** から温度係数は 20 ppm/°C が得られるため，十分な直線性が認められることがわかります．

表 11.8　分流器に用いられる金属抵抗線の特性

	比熱	温度係数	抵抗率(Ω/m)	
	(cal/g)	(ppm/°C)	$^{\phi}$0.2	$^{\phi}$0.16
マンガニン	0.097	±10	14.01	21.9
カーマロイ	0.104	±20	42.3	66.1

11.2.3 短期安定性試験

高電圧試験の実施前後で測定システムの**直流スケールファクタ**の値に変化がないことを確認する試験が**短期安定性試験**です．直流スケールファクタの測定は，測定システムの入力に直流電圧を印加して，同時に出力値を測定してそれらの比から算出する方法，ブリッジを用いて測定する方法および，測定システムのインピーダンスの測定値から求める方法があります．ここで供試測定系を標準分圧器としたときの直流スケールファクタの測定例を示します．試験方法は±10 mA および ±20 mA の電流を分圧器入力端子に10回ずつ印加して，印加電圧と出力電圧の比の平均値と標準偏差を算出します．**表 11.9** に直流スケールファクタの測定例を示します．電圧比はディジタルマルチメータの機能を用いて直接読み取っています．

分圧器の抵抗値がおよそ 11.4 kΩ のため，印加電圧は ±228 V および ±114 V となっています．印加電圧値は規格などで規定されていませんが，常に同一の試験法を用いることにより，次項で述べる長期安定性試験など長期にわたって実施する試験の信頼性向上につながります．試験方法は，まず**表 11.10** に示す印加前スケールファクタを測定したのちに，定格電圧の全波標準雷インパル

表 11.9　インパルス電圧測定システムの直流スケールファクタ測定例

印加電圧	**228 V**	**−228 V**	**114 V**	**−114 V**
1	953.31	953.32	953.29	953.34
2	953.31	953.32	953.29	953.34
3	953.31	953.32	953.29	953.33
4	953.31	953.32	953.29	953.33
5	953.31	953.32	953.29	953.33
6	953.30	953.31	953.28	953.33
7	953.30	953.31	953.28	953.33
8	953.30	953.31	953.28	953.33
9	953.30	953.31	953.28	953.33
10	953.31	953.31	953.28	953.32
平均値	953.31			
標準偏差	0.02			

表 11.10　インパルス電圧測定システムの短期安定性試験例

	印加前	印加後	偏差（%）
直流スケールファクタ	953.09	953.31	0.023
標準偏差	0.07	0.09	

ス電圧を IEC 60060-1 で規定する最大印加頻度（30 秒ごと）で 20 回印加した直後に再度直流スケールファクタを測定します．これを印加後スケールファクタとして，その偏差を求めます．ここでは 0.023% の値が求まっています．

11.2.4　長期安定性試験

測定システムのスケールファクタは，試験の前後はもちろん，数年にわたっても一定であることが必要です．そのため，抵抗値を定期的に測定して，測定の不確かさに与える影響要因を評価する必要があります．この目的のために測定システムのスケールファクタを測定する試験を**長期安定性試験**といいます．

表 11.11 に標準分圧器の製造後 6 年間の直流スケールファクタの変化について示します．平均値からの最大偏差は 0.02% であり，十分安定していることがわかります．

表 11.11　インパルス電圧測定システムの長期安定性試験例

年/月	'99/12	'01/10	'01/11	'01/12	'02/9	'03/12	'04/12	'05/12
測定値	953.56	953.49	953.39	953.37	953.25	953.44	953.31	953.31
平均値	953.39							
偏差(%)	0.02	0.01	−0.00	−0.00	−0.02	0.00	−0.01	0.01

11.2.5　温湿度特性試験

標準分圧器・分流器に用いられる抵抗体は，表 11.8 に示すようなマンガニン線などの抵抗温度係数が良好な材料が用いられています．しかし，一般の測定システムには周囲温度によってスケールファクタの値が異なる特性を持っています．その特性を確認するために，使用環境の温度変化に対応したスケールファクタを測定する試験を**温度特性試験**といいます．表 11.12 に標準インパルス測定システムの温度特性試験の結果を示します．この試験では相対湿度を

表 11.12　温度特性試験結果例

気温(°C)	10	15	20	25	30	35	40
スケールファクタ	953.34	953.35	953.36	953.36	953.39	953.38	953.38
偏差(%)	−0.003	−0.002	−0.001	−0.001	0.003	0.001	0.001

一定（70%）にして，周囲温度を 10°C から 40°C まで変化させて直流スケールファクタを測定した結果です．周囲温度を変化させた後，分圧器をその環境に 1 時間なじませたのち，温度が一定（23°C）に保たれた測定室におかれた実験機器を用いて測定を行っています．その結果この温度範囲内で最大 ±0.003% のスケールファクタの変動が見られています．

さらに湿度変化に対するスケールファクタを測定する試験を**湿度特性試験**といいます．**表 11.13** に標準インパルス測定システムの湿度特性試験の結果を示します．この試験では周囲温度を一定（20°C）にして，相対湿度を 40% から 80% まで変化させて直流スケールファクタを測定した結果です．供試分圧器は抵抗分圧器ですが，湿度の影響は無視できることがわかります．

表 11.13　湿度特性試験結果例

湿度(%)	40	50	60	70	80
スケールファクタ	953.37	953.38	953.38	953.38	953.37
偏差(%)	0.000	0.000	0.000	0.000	0.000

11.2.6 干 渉 試 験

高電圧試験では，その試験中に放電現象が生ずる場合があります．また，その放電現象に起因するノイズが電磁波として測定システムに重畳して，測定結果に影響を与えることがあります．この影響の大きさを確認する試験が**干渉試験**です．

干渉試験は，変換装置の低圧部を短絡して測定システムに高電圧を印加したときに測定される信号のレベルを評価します．**図 11.8** は，**図 11.1** の回路において，供試分圧器の低圧部を短絡したときの両測定システムの測定波形です．上側の全波雷インパルス電圧波形が基準測定システムの測定波形で，下側の波形が供試測定システムの測定波形です．短絡の方法は分圧器低圧部に同軸ケー

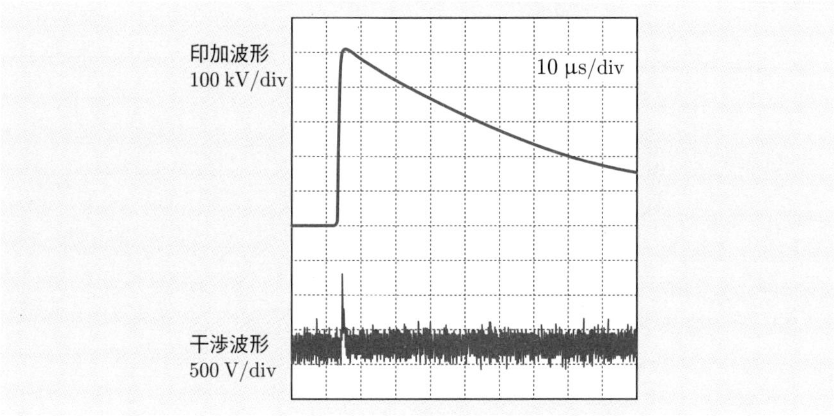

図 11.8　干渉試験結果の例

ブルを接続しないで同軸ケーブルの芯線を接地した状態にしておく方法や，自作の短絡コネクタを介する方法などがあります．この試験結果の例では自作コネクタを用いたもので，干渉レベルは最大 0.18%であることがわかりました．

11.2.7　動特性試験

動特性試験は，測定システムの異なる周波数特性に対する応答を確認する試験で，通常の使用状態下で試験します．基準方法は**振幅／周波数応答特性試験**，またはインパルス電圧測定システムの場合には，**ノミナルエポック**の上下端での比較試験が用いられ，それに加えて応答特性試験も規定されています．ノミナルエポック（公称測定時間幅）とは，インパルス電圧測定システムが測定可能な波頭長の範囲のことを指し，測定システムの製造者が設計時にそれを決定します．一般的な値としては，標準雷インパルス電圧の波頭長 1.2 μs とその裕度 ±30% を考えた，0.84 μs から 1.56 μs の範囲がノミナルエポックとして多く用いられています．

ここではインパルス電圧測定システムの振幅／周波数応答特性試験の一例を示します．供試分圧器を 20°C，60% に調整した恒温・恒湿室に設置し，分圧器頂部に交流電圧（100 V）を印加して，周波数を 10 Hz から 100 kHz まで変化させ，印加電圧と分圧器の低圧部出力電圧を測定しています．

測定結果を**図 11.9** に示します．縦軸は全スケールファクタの平均値からの

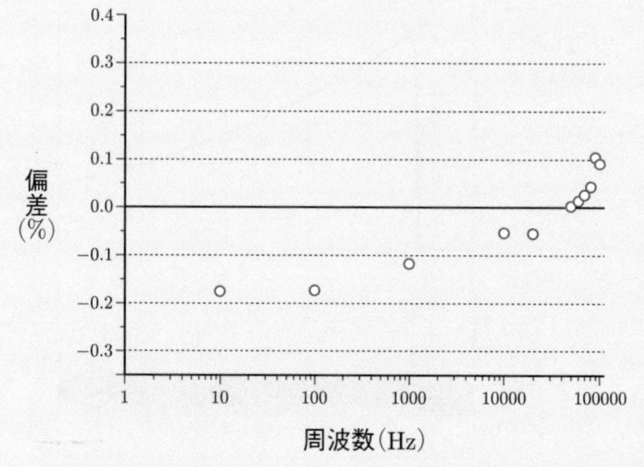

図 11.9　インパルス電圧測定システムの振幅／周波数応答試験結果例

偏差を表していて，インパルス電圧の周波数範囲が数十 kHz であることを示しています．

11.2.8　応答特性試験

応答特性試験は**ステップ応答試験**ともいい，古くから分圧器や測定器の特性を評価する試験として用いられてきた試験です．**図 10.1** において測定系の入力端子 aa′ 間にステップ電圧を印加したとき，dd′ 間に現れる波形をステップ応答といいます．応答特性試験は，測定系の動特性を評価するための試験のひとつとして用いられるだけではなく，長期にわたる安定性を確認するための性能点検の手段としても利用されています．**図 11.10** に最終値を 1 に正規化したステップ応答波形の例 $g(t)$ および応答積分波形 $T(t)$ を示します．さらに応答パラメータについて**表 11.14** に示します．応答時間 T_N は測定対象の時間の増減を示していて，たとえば応答時間が 0 の測定器で測定した場合の出力は測定器の入力信号と同一の値をとります．いっぽう，応答時間が Δ_t である測定器で測定した際の時間 $t_{\max}$ における出力は測定器の入力信号から Δ_t 遅れた値をとり，応答時間が $-\Delta_t$ である測定器で測定した際の出力は測定器の入力信号より Δ_t 速い値をとります．

（第 1）部分応答時間 T_α も T_N と同様な考え方で信号入力開始時点における入力信号のひずみ具合を評価するために用いられます．信号の立ち上がり部分

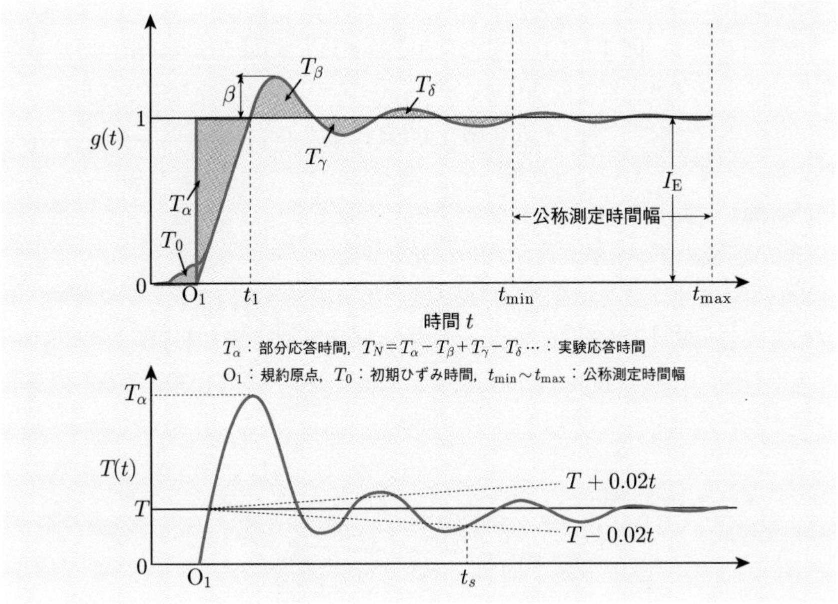

図 11.10　ステップ応答波形

表 11.14　ステップ応答パラメータの定義

$\boldsymbol{g(t)}$	ステップ電圧を測定系に入力したとき出力される波形
規約原点 $\mathbf{O_1}$	ステップ応答の波頭部分のうち傾斜が最も急な部分に引いた接線と時間軸との交点
公称測定時間幅	測定対象とするインパルス電圧の波頭長の範囲
実験応答時間 $\boldsymbol{T_N}$	$T_N = T(t_{\max})$
部分応答時間 $\boldsymbol{T_\alpha}$	$T_\alpha = T(t_1)$，t_1 は，$g(t)$ が最初に 1 に達する時間
残留応答時間 $\boldsymbol{T_R(t_1)}$	T_N から $t_1 < t_{\max}$ の範囲内の時刻 t_1 におけるステップレスポンス積分を引いたもの $T_R(t_1) = T_N - T(t_1)$
オーバシュート $\boldsymbol{\beta}$	$g(t)$ が 1 を超えた量の最大値
安定時間 $\boldsymbol{t_s}$	残留応答時間 $T_R(t_1)$ が，t の 2% 未満となる最短の時間 $\lvert T_N - T(t) \rvert < 0.02\,t_s$
初期ひずみ時間 $\boldsymbol{T_0}$	図 11.10 の T_0 の面積

は T_α [min] ほど遅れて出力されます．

試験の方法は，**図 11.11** に示すような幅 1 m の銅板を垂直に配置した垂直銅板にステップ発生器を取り付け，そこからステップ電圧を発生させます．ステップ電圧の一般的な発生回路は**図 11.12** に示すように充電抵抗 R_1 を介して供試物に印加しておいた直流電圧を，水銀接点のような高速に作動するスイッチで接地して立ち下がりのステップを生じさせます．この試験の例では出力電圧 300 V，立ち下がり時間（10～90% 間の時間）が 1 ns 未満のステップ電圧が得られています．また，雷インパルス電圧用国家標準級測定システムのステップ応答波形を**図 11.13** に，ステップ応答パラメータを**表 11.15** に示します．

表の右欄に IEC 60060-2 に規定する全波雷インパルス電圧測定用基準分圧器に対する要求値を示します．

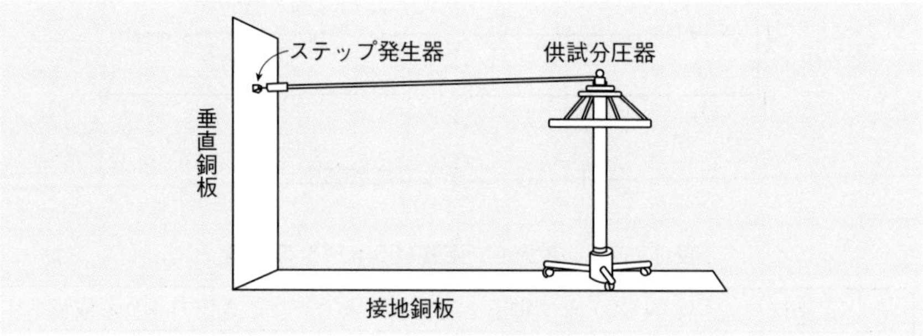

図 11.11　動特性試験方法

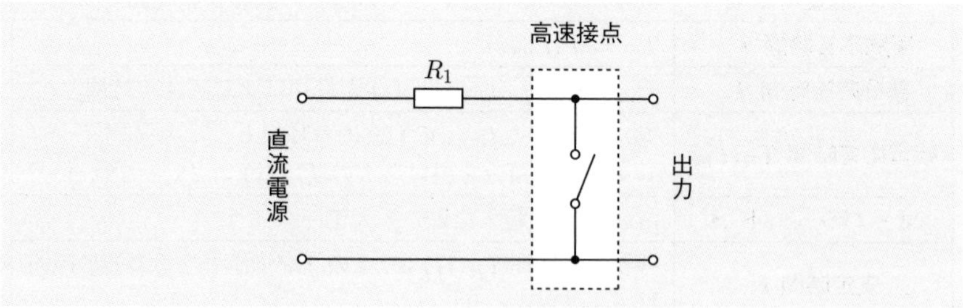

図 11.12　ステップ電圧発生回路

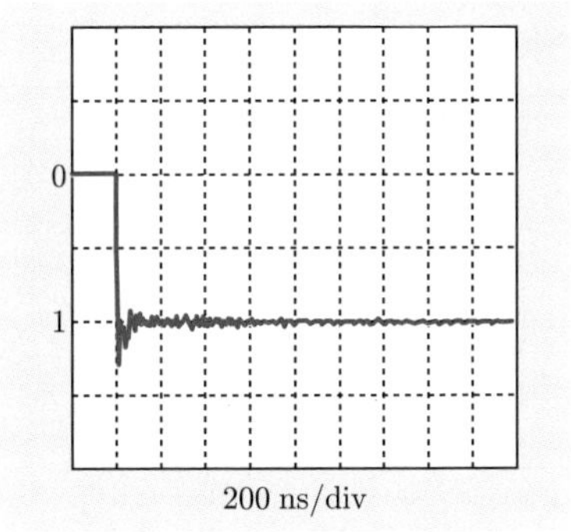

図 11.13　ステップ応答波形

表 11.15　ステップ応答パラメータ

パラメータ	値	**IEC 規定値**
T_N [ns]	−0.11	15
T_α [ns]	2.57	30
β [%]	32	—
t_s [ns]	102	200

インパルス電流測定システムの応答特性試験に**図 11.12** の回路を用いると，同軸分流器の抵抗値の大きさから十分な電源容量が必要になるため，**図 11.14** に示す回路のように，立ち上がりのステップ電圧を発生して試験を行います．充電電圧 500 V を 500 μF のキャパシタンスに充電して，球ギャップスイッチをオンにすると，**図 11.15** に示すようなステップ電流が得られます．そして，この電流を同軸分流器に接続したときの分流器出力端に生ずるステップ応答波形を**図 11.16** に示します．

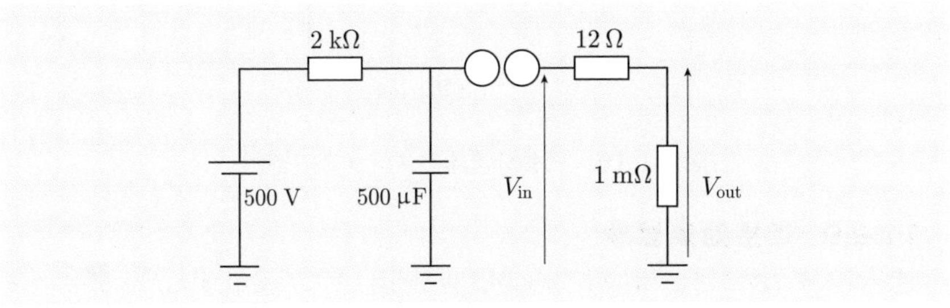

図 11.14　同軸分流器試験用ステップ電流発生回路

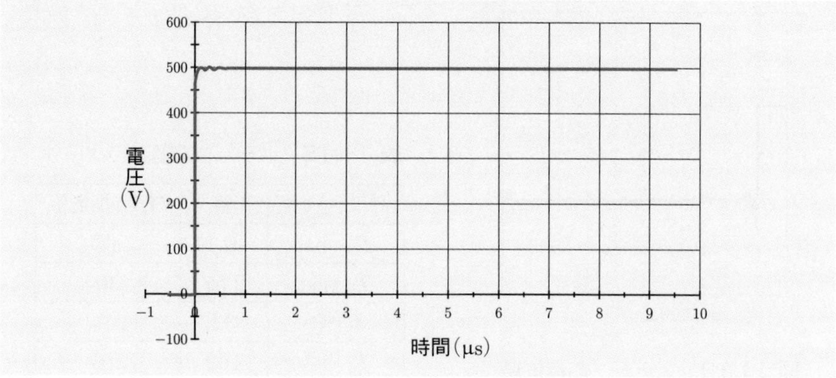

図 11.15　ステップ入力電圧の例

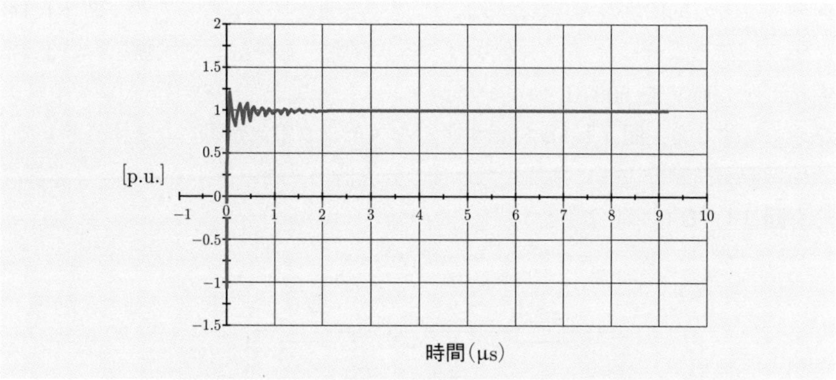

図 11.16　同軸分流器のステップ応答例

11.2.9　近接効果試験

測定システムのスケールファクタが，近接物によって変化する場合があります．この影響の大きさを確認する試験が**近接効果試験**です．分圧器が抵抗分圧器の場合には湿度特性試験のときと同様にスケールファクタの変化はほとんどありませんが，容量分圧器の場合には近接物体との間に生じる静電容量の影響がスケールファクタに影響を与えます．そのため，抵抗分圧器の近接効果試験は 11.2.8 項で述べた応答特性試験を実施して応答パラメータの変化で評価する場合があります．

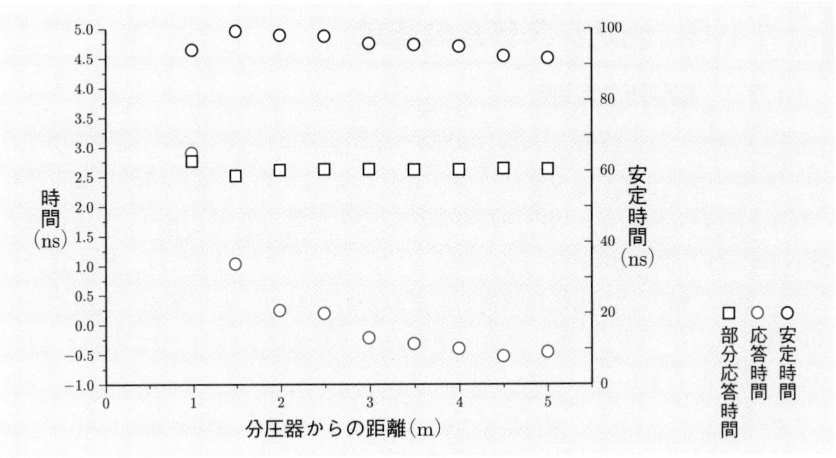

図 11.17　近接効果試験結果

図 11.17 は幅 1 m，高さ 2 m の銅板を近接物に見立て，分圧器中心からの距離を変化させたときのステップ応答パラメータです．部分応答時間，安定時間については顕著な変動はありませんが，実験応答時間については，近接物が 3 m 以内にある場合，値が増加していることがわかります．

11.2.10　ソフトウェア試験

インパルス電圧などの波形パラメータは，測定器に接続されたコンピュータに組み込まれた波形解析ソフトウェアによって計算されます．波形パラメータの計算結果が正しい値を示していることを確認する試験が**ソフトウェア試験**です．ソフトウェア試験は「試験データ発生器（Test Data Generator，TDG）」と呼ばれるアプリケーションソフトウェアから生成される波形パラメータが既知の模擬測定データを波形解析ソフトウェアに計算させて，算出結果が所定の裕度以内にあることを確認する試験です．現在はインパルス電圧用 TDG が IEC 61083-2:2013 として制定されています．

11.3 測定システムの認定

11.3.1 試験所認定制度

自国で製造される高電圧機器は，国内で使用されるだけでなく，海外へ輸出され，海外の電力系統で使用される場合もあります．また，逆に海外で製造された高電圧機器を輸入し，国内の電力系統で使用されるほか，国内で製造される高電圧機器の試験に用いることもあります．この貿易に対しては，輸入者側の要求によって輸入国の規格に準拠した試験が行われることが多く，貿易の技術的障壁といわれていました．この障壁を廃するために，1994年にWTO/TBT協定が制定されました．

この協定は，自国の国内規格をISO規格およびIEC規格に整合させるとともに適合性評価の枠組みを整えようというものです．これによってこれまで各国の規制や規格の差異から生じていた国際貿易に対する技術的な障壁が解決されることとなりました．わが国も協定発足と同時にこれを批准して，計量法や工業標準化法などに規定されていた制度を見なおすとともに，新たな国家標準の整備を進めてきています．貿易障壁を避ける取り組みの1つとして，認定試験機関が行った試験の結果はどこの国の試験結果であっても**相互承認**（MRA）しようとする取り組みも行われています．国際規格ISO/IEC 17025（国内規格ではJIS Q 17025が整合させた規格）の要求事項に基づいた試験所および校正機関の認定制度もその1つです．これを**試験所認定制度**といいます．

ISO/IEC 17025では，ISO 9000で要求される品質システムの構築に加えて専門知識，試験能力などの技術的要求事項が必要とされるほか，試験所の保有する測定システムに対しては国家もしくは国際標準にトレーサビリティを持つことが要求されています．第三者適合性評価機関から認定された試験所が発行する試験成績書はこの制度を批准する国の間で同等性が保証されるため，一度輸出国の認定校正機関で性能試験を行った高電圧機器は，輸入国の校正機関で再度試験をする必要がありません．わが国の高電圧試験の分野では日本適合性認定協会（JAB）が認定母体となって試験所認定を実施しています．2022年6月現在で5試験所が高電圧認定試験所として，また6試験所が大電力試験所として認定を受けています．

11.3.2 標準測定システム

認定試験所は，国家標準にトレーサビリティを持っている必要があります．わが国の場合には日本電気計器検定所（JEMIC）に独立行政法人製品評価技術基盤機構（NITE）から MRA に対応しているとして jcss 認定された計測標準が，直流高電圧については 200 kV，交流高電圧については 190 kV，さらにインパルス電圧については 500 kV のシステムが認定され設備されています．

表 11.16 各国の主要機関が保有する高電圧計測システム（交流電圧）

機関	最大電圧	不確かさ
INTI（アルゼンチン）	525 kV	3.0E−05
BEV（オーストリア）	254 kV	1.5E−04
NMIA（オーストラリア）	550 kV	6.0E−05
BIM（ベルギー）	100 kV	0.009%
INMETRO（ブラジル）	200 kV	2.5E+04
BelGIM（ベラルーシ）	35 kV	6.0E−02
NRC（カナダ）	500 kV	20.0 μV/V
METAS（スイス）	140 kV	5.0E−05
NIM（中国）	110 kV	5.0E−06
CMI（チェコ）	400 kV	0.2%
PTB（ドイツ）	300 kV	1.0E−04
LCOE（スペイン）	2500 kV	5.0E−03
MIKES（フィンランド）	200 kV	0.005%
LNE（フランス）	250 kV	3.20E−04
GEOSTM（ジョージア）	70 kV	0.002
BFKH（ハンガリー）	35 kV	6.0E−05
NPLI （インド）	100 kV	60 μV/V
INRIM（イタリア）	100 kV	5.0E−05
KRISS（韓国）	200 kV	4.0E−05
VSL（オランダ）	300 kV	50.0 μV/V
VNIIMS（ロシア）	350 kV	5.0E−04
RISE（スウェーデン）	396 kV	1.5E−05
UME（トルコ）	36 kV	1.0E−04
CMS（台湾）	100 kV	8.2E−05
NIST（米国）	150 kV	300.0 μV/V
JEMIC（日電検）	190 kV	0.76 kV

また，短絡大電流測定に対する計測標準も日本短絡試験委員会（JSTC）から対称電流に対する最大実効値が 140 kA，0.1 s の基準シャントを管理していて，測定の不確かさが見積もられています．世界的な高電圧計測標準については，各国の計量研究所がそれぞれ独自に構築して国内のトレーサビリティ体系を作るとともに，定期的に各国の標準同士が比較し合って国際同等性を確認しています．表 11.16 から表 11.18 に国際度量衡局（BIPM）やスペインの認定機関（enac），製品評価技術基盤機構（NITE）などで公表している各国の標準器の能力を示します．不確かさの欄は 95%の信頼の水準を表しています．

表 11.17　各国の主要機関が保有する高電圧計測システム（直流電圧）

機関	最大電圧	不確かさ
NMIA（オーストラリア）	1000 kV	0.03
BIM（ベルギー）	200 kV	2.0E−04
INMETRO（ブラジル）	150 kV	50.0 μV/V
METAS（スイス）	100 kV	2.5E−05
NIM（中国）	100 kV	1.0E−05
CMI（チェコ）	100 kV	0.058%
PTB（ドイツ）	300 kV	1.0E−05
LCOE（スペイン）	1000 kV	1.5E−03
MIKES（フィンランド）	1000 kV	1.0E−04
LNE（フランス）	250 kV	7.0E−04
NPLI （インド）	100 kV	2.0E−05
INRIM（イタリア）	80 kV	2.2E−05
KRISS（韓国）	100 kV	1.6E−05
MSL（ニュージーランド）	50 kV	3.0 mV/V
VSL（オランダ）	100 kV	10.0 μV/V
VNIIMS（ロシア）	800 kV	3.0E−04
RISE（スウェーデン）	1000 kV	2.0E−05
UME（トルコ）	400 kV	0.004
CMS（台湾）	200 kV	1.0E−04
JEMIC（日電検）	200 kV	0.05%

表 11.18 各国の主要機関が保有する高電圧計測システム（インパルス電圧）

機関	雷			開閉		
	最大電圧	不確かさ		最大電圧	不確かさ	
		波高値	時間		波高値	時間
NMIA（オーストラリア）	2400 kV	0.4%	2%	1800 kV	0.4%	2%
NIM（中国）	700 kV	5.0 mV/V	15.0 ms/s			
PTB（ドイツ）	1500 kV	0.02	0.02			
LCOE（スペイン）	800 kV	5.0 mV/V	0.03 ms/s	800 kV	1.0 mV/V	
MIKES（フィンランド）	400 kV	5.0 mV/V	20.0 ms/s	400 kV	5.0 mV/V	30.0 ms/s
LNE（フランス）	420 kV	5.0 mV/V	25.0 ms/s	500 kV	10.0 mV/V	50.0 ms/s
INRIM（イタリア）	700 kV	20.0 mV/V	50.0 ms/s			
VNIIMS（ロシア）	1500 kV	0.005		800 kV	0.003	
RISE（スウェーデン）	500 kV	0.01 V/V		280 kV	0.01 V/V	
UME（トルコ）	1000 kV	12 mV/V		850 kV	12 mV/V	
NMIT（タイ）	500 kV	1.0%	3.0%	400 kV	1.0%	3.0%
JEMIC（日電検）	500 kV	0.7%	2.8%	500 kV	0.7%	2.3%

11 章の演習問題

□ **11.1** 表 11.4 において，基準測定システムのスケールファクタを 953.56，供試測定システムの定格スケールファクタを 10000 とするとき，供試スケールファクタの指定スケールファクタを求めよ．

□ **11.2** 測定システムを用いてインパルス電圧を測定するとき，測定システムの応答特性によって測定波形は原波形より鈍った波形となる．いま，測定システムの応答特性が

$$g(t) = \left\{-\exp(-2 \times 10^6 t) + 1\right\} + 2 \times \sin(4 \times 10^6 t) \times \exp(-3 \times 10^6 t)$$

で表されるとき，次式

$$1.04 \times \left\{\exp(-14659t) - \exp(-2469199t)\right\}$$

で表されるインパルス電圧はどのような波形として測定されるか図示せよ．

第12章

ディジタル測定波形の処理法

インパルス電圧は，回路中の残留インダクタンス等の影響で振動が重畳する場合があります．そのため，すでに学んだインパルスの波形パラメータの定義をそのまま適用できず，算出することができないことがあります．IEC 規格はこのような状況に対応して，ディジタル処理を行うことによって波形パラメータを算出するように規定しています．この章では，基本的な波形パラメータを算出するアルゴリズムならびにIEC が規定する波形パラメータの算出法について学習するとともに，インパルス電圧を処理するプログラムを示して，その動作について説明を行います．

12.1　雷インパルス電圧の処理方法

インパルス電圧を測定システムを用いて測定する場合，最近では**ディジタルオシロスコープ**が用いられます．雷インパルス電圧を測定するために必要なオシロスコープのスペックはIEC 61083-1 で規定されています．認可測定システムと呼ばれる試験所の測定システムに用いる測定器の場合，必要なサンプリングレートは，測定したい時間 T_x 中に少なくとも 30 測定点が必要になると規定されています．

たとえば，標準雷インパルス電圧の波頭長を測定する場合には，以下のような考え方で**サンプリングレート**を設定します．

(1)　標準雷インパルスの波頭長は 1.2 μs です．

(2)　標準雷インパルスの波頭長の裕度は ±30% のため，最短の波頭長は，0.84 μs になります．

(3)　波頭長は 30% 波高点と 90% 波高点間の時間を 0.6 で除した値です．

(4)　0.84 μs の波頭長を持つインパルスの 30% 波高点と 90% 波高点間の時間は 500 μs です．

(5)　500 ns の間にサンプル点が 30 個あるためにはサンプリングレート SR を少なくとも

$$SR = \frac{30}{500 \times 10^{-9}} = 60 \times 10^6 \text{ S/s}$$

つまり，60 MS/s 以上にする必要があります．

一般的には，100 MS/s のサンプリングレートがよく用いられています．

さらに，分解能については，一般的な測定に対しては 8 bit（フルスケールの 0.4%）以上を，また周波数分析や波形パラメータ計算以外で波形の変換を行う必要がある場合には 9 bit 以上を用いることが要求されています．また入力レンジは，測定波形の振幅をフルスケールの 50% 以上（8 bit オシロスコープの場合）で表示されるよう設定する必要があります．さらに比較校正試験を行う場合には，フルスケールの 75% 以上に設定される必要があります．

ディジタル測定器からの出力は離散データとなります．そのため，8 bit の分解能を持つオシロスコープを用いて測定を行った場合の波高値は，量子化誤差による影響が最大で 0.2% になります．同様に 30% および 90% 波高点に達する時間の時間間隔 T_x も，最大で 1 サンプリング時間分の誤差が発生します．そこで，時間を求める際には補間法を用いて算出します（演習問題参照）．

12.1.1　振動が重畳した波形の処理法

IEC 60060-1:1989 では波高値付近に**振動が重畳した波形**の場合，振動周波数が 0.5 MHz もしくは振動の継続時間が 1 μs をしきい値として，波高値の算出方法を区別していました．たとえば**図 12.1**(a) のように重畳振動の周波数が 0.5 MHz 以上または継続時間 1 μs 以下の振動が波高値付近に重畳する場合には，振動曲線の補間曲線を引いて，その最大値を波高値と規定していました．また，逆に**図 12.1**(b) のように重畳振動の周波数が 0.5 MHz 未満または継続時間 1 μs 未満の振動が波高値付近に重畳する場合には，測定波形の最大値を波高値と規定していました．

1989 年頃はアナログオシロスコープを用いた測定が主流であったため，測定波形はオシロスコープのブラウン管に接続したインスタントカメラのフィルムに感光させて，そこから波形パラメータを手動で読み取っていました．そのため，このような定義でも問題はありませんでした．しかしながら，測定がアナログからディジタルへ移行するに伴って，0.5 MHz をしきい値として全く別

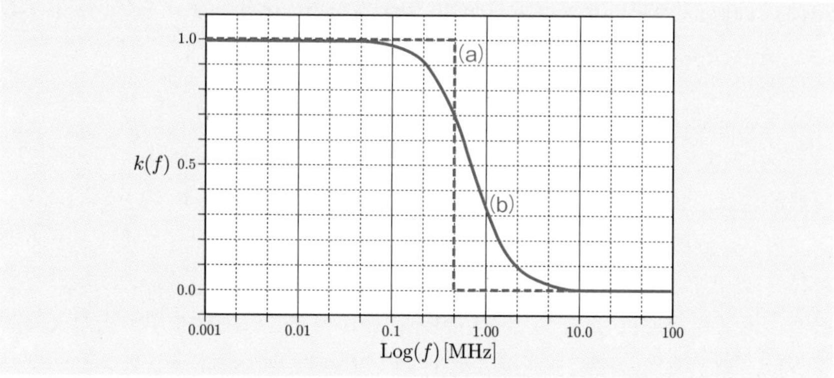

図 12.1　試験電圧関数

の処理を適用することはプログラミング的には不合理であることや，低い周波数の振動重畳は高い周波数の重畳と比較してさほど影響がないことなどから，IEC 60060-1:2010 に改訂された際には，0.5 MHz 付近を中心として測定波形信号に対してローパスフィルタを施して，そこから波形パラメータを算出するように変更されました．このフィルタは通称 **k-ファクタ**と呼ばれていて，次式の**試験電圧関数**で表すことができます．

$$k(f) = \frac{1}{1+2.2f^2} \tag{12.1}$$

次項ではこの k-ファクタを用いた算出法について説明を行います．

12.1.2　k-ファクタを用いた波形パラメータの決定法

IEC 60060-1:2010 では雷インパルス電圧の波形パラメータの決定法について，以下の手順に従うように規定しています．

(a)　測定データ $U(t)$ の先頭部にある入力電圧ゼロの部分の電圧値の平均値を計算して**ベースレベル**を求めます．

(b)　測定データ $U(t)$ から手順 (a) で求めたベースレベル分のオフセットを引いて**補正曲線** $U_{\mathrm{o}}(t)$ を求めます．

(c)　曲線 $U_{\mathrm{o}}(t)$ の最大値 U_{e} を探します（図 12.2 参照）．

(d)　曲線 $U_{\mathrm{o}}(t)$ の立ち上がり部分で最大値 $0.2 \times U_{\mathrm{e}}$ 未満となる最後のデータ点を見つけます．

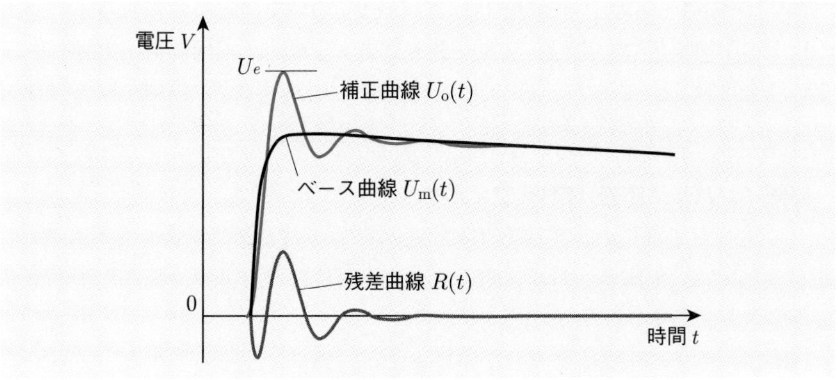

図 12.2 試験電圧関数を用いた波形処理

(e) 曲線 $U_\mathrm{o}(t)$ の立ち下がり部分で最大値 $0.4 \times U_\mathrm{e}$ より大きな値となる最後のデータ点を見つけます.

(f) 手順 (d) と手順 (e) で求めた間の測定データについてインパルス電圧の一般式 (8.7) を拡張した以下の式を用いて最小 2 乗近似を行います.

$$u_\mathrm{d}(t) = U\left\{\exp\left(-\frac{t-\tau_\mathrm{d}}{\tau_1}\right) - \exp\left(-\frac{t-\tau_\mathrm{d}}{\tau_2}\right)\right\}$$

ここで t は時間, $u_\mathrm{d}(t)$ は電圧関数, U, τ_1, τ_2 および τ_d は近似する変数です.

(g) 手順 (f) で求めた τ_d を用いて τ_d から手順 (e) で求めた最後のデータ点の区間で測定データの**ベース曲線** $U_\mathrm{m}(t)$ を求めます.

(h) 曲線 $U_\mathrm{o}(t)$ からベース曲線 $U_\mathrm{m}(t)$ を引いて, **残差曲線**

$$R(t) = U_\mathrm{o}(t) - U_\mathrm{m}(t)$$

のデータを作成します.

(i) 残差曲線 $R(t)$ に $k(f)$ のディジタルフィルタを適用して $R_\mathrm{f}(t)$ を得ます.

(j) フィルタリングされた残差曲線 $R_\mathrm{f}(t)$ をベース曲線 $U_\mathrm{m}(t)$ に加えて, **試験電圧曲線** $U_\mathrm{t}(t)$ を取得します.

(k) 試験電圧曲線 $U_\mathrm{t}(t)$ から試験電圧 U_t および時間パラメータを算出します.

(l) ベース曲線 $U_\mathrm{m}(t)$ の最大値 U_b を見つけます.

(m) 相対的なオーバシュート β' の値を $\beta' = \frac{U_\mathrm{e}-U_\mathrm{b}}{U_\mathrm{e}} \times 100\%$ から算出します.

(n) **補正曲線** $U_\mathrm{o}(t)$ と試験電圧曲線 $U_\mathrm{t}(t)$ を表示します.

(o)　試験電圧値 U_{t}，波頭長 T_1，波尾長 T_2 の値を決定して報告します．

以上の手順を用いて波形パラメータを算出する場合，振動波形が重畳していない場合には $U_{\mathrm{o}}(t) \approx U_{\mathrm{m}}(t)$ であり残差曲線 $R(t)$ をほとんど生じないため，通常のインパルス波形の解析と同じ手順になります．

無限インパルス応答（IIR）フィルタ

上で述べた処理において手順 (i) で述べられているディジタルフィルタは，IEC 規格では，**無限インパルス応答フィルタ**（**IIR フィルタ**）を適用するように規定されています．

IIR フィルタの詳細は専門書に譲りますが，簡単に述べると少ないループ数でフィルタリング処理が行えるように信号の差分とフィードバック信号の演算からローパスフィルタを実現するフィルタです．IEC 規格では，ローパスフィルタリングに有限インパルス応答（FIR）や他のフィルタを使うことを認めていますが，規格ではゼロ位相 IIR フィルタのアルゴリズムについて以下のとおり例示されています．

(1)　フィルタのために以下の方程式を満足する 2 つのフィルタ係数を算出します．

$$y(i) = b_0 x(i) + b_1 x(i-1) + a_1 y(i-1),$$
$$b_0 = b_1 = \frac{x}{1+x}, \quad a_1 = \frac{1-x}{1+x}, \quad x = \tan\left(\frac{\pi T_{\mathrm{S}}}{\sqrt{a}}\right)$$

ここで，a は 2.2×10^{-12}，T_{S} はサンプリング間隔，$x(i)$ はフィルタの対象となる電圧データ，そして $y(i)$ はフィルタ出力です．たとえば，10 ns のサンプリング間隔の場合，$a_1 = -0.9585113$ および $b_0 = b_1 = 0.02074434$ になります．計算誤差を減少させるために，6 桁程度の大きな有効数字をとる必要があります．

(2)　以下の差分方程式を用いて順方向に 1 回，逆方向に 1 回フィルタを実行します．

$$y(i) = 0.02074434\bigl(x(i) + x(i-1)\bigr) + 0.9585113 y(i-1)$$

12.2　開閉インパルス電圧の処理方法

IEC 60060-1 では，**開閉インパルス電圧**の T_{p}（波高値 V_{p} に達する時間）の定義を現象の開始点から波高点に至るまでの波形の継続時間までの時間と定めています．これは，アナログオシロスコープを用いていた時代では写真から読み取りを行っていたため，大きな問題は生じませんでした．しかしながら，ディジタルレコーダが用いられるようになった現在では，量子化誤差やサンプリングの影響で正確に時間を算出することが困難になってきました．たとえば，8 bit ディジタルレコーダを用いて標準開閉インパルス電圧を測定するとき，波高値 V_{p} を示す継続時間は最小で 57 μs の幅が生じます．この値は標準開閉インパルス電圧の波頭長 250 μs の 22.8% にも達します．そのため，簡便策として最大値を示す範囲の中間点，またはある係数を乗じた点を波高値に達する点として決定する方法もとられています．しかしこの方法は，ディジタルレコーダの持つ内部ノイズの影響を受けた場合，正確な点を示すことが不可能になります．そのため，規格では近似曲線を用いて波頭長 T_{p} を算出するように規定しています．ここでは，その IEC が規定した処理法のほかに，いくつかの解法について説明するとともに，IEC の改訂案で示す新しい波形パラメータの定義について説明します．

12.2.1　IEC の規定する波頭長の算出法

標準開閉インパルス電圧の場合，**波頭長**の算出方法は，雷インパルス電圧と同様に，波高値の 30%，つまり 30% 波高点 T_{30} と 90% 波高点 T_{90} から波頭長を求める方法です．その手順は以下のとおりです．

(a)　30% 波高点 T_{30} と 90% 波高点 T_{90} を求めます．

(b)　$T_{\mathrm{AB}} = T_{90} - T_{30}$ として T_{AB} を求めます．

(c)　$K = 2.42 - 3.08 \times 10^{-3} T_{\mathrm{AB}} + 1.51 \times 10^{-4} T_2$ で係数 K を算出します．ここで，T_2 は波尾長です．

(d)　$T_{\mathrm{p}} = K \cdot T_{\mathrm{AB}}$ で波頭長を計算します．

この処理方法を用いて波頭長を計算した場合の計算誤差は**表 12.1** のとおりとなります．なお，IEC 60060-2 で規定する認可測定システムに対する時間パラメータの測定の不確かさの値は 10% 以内と規定されています．このため，これらの計算誤差の値でも全く問題がありません.

表 12.1 **IEC 60060-1** の定義を用いた波頭長の理論値からの計算誤差

T_p [μs]	T_2 [μs]	算出値(μs)	誤差(%)
200	1000	202.7	1.35
250	1000	252.5	1.01
300	1000	299.6	−0.13
200	2500	198.9	−0.57
250	2500	246.9	−1.23
300	2500	296.2	−1.26
200	4000	201.7	0.84
250	4000	251.5	0.61
300	4000	303.8	1.26

12.2.2 他の係数を用いた算出方法

表 12.1 の計算誤差の値は，認可測定システムに適用する場合は，全く問題ありません．しかしながら，上位測定系の基準測定システムに対する時間パラメータの測定の不確かさの値は 5% 以内と規定されています．このような場合や，より正確に波形パラメータの値を計算したい場合があります．そのような場合は，以下に示すような補正式を用いることで，より正確な波頭長を計算することができます．

$$K = 1.40016 \times \left(\frac{T_2}{T_{\mathrm{AB}}} - 0.108248 \right)^{\alpha}$$

ここで，

$$\alpha = \left(0.170801 + \frac{0.334979}{\frac{T_2}{T_{\mathrm{AB}}}} - 0.0000541123 \times \frac{T_2}{T_{\mathrm{AB}}} \right)$$

この係数を用いて波頭長を計算した場合の計算誤差は表 12.2 のとおりとなります．

IEC 規格は開閉インパルス電圧を波頭長が 20 μs 以上のインパルスと定義しています．この範囲にわたって精度の良い計算が可能な係数は以下のとおりとなります．

表 12.2　精度を高めた補正式を用いた波頭長の理論値からの計算誤差

T_p [μs]	T_2 [μs]	算出値(μs)	誤差(%)
200	1000	200.0	0.01
250	1000	250.0	−0.01
300	1000	299.9	−0.02
200	2500	200.0	0.00
250	2500	250.0	0.00
300	2500	300.0	0.00
200	4000	200.0	−0.01
250	4000	250.0	0.00
300	4000	300.0	0.00

$$K = 1.638 \times \left(\frac{T_2}{T_{\mathrm{AB}}}\right)^{0.135}$$

この係数を用いて波頭長を計算した場合の計算誤差は**表 12.3** のとおりとなります．最終行は波頭長 20 μs のときの計算結果ですが，IEC 規格の定義を用いて得られる計算結果（−24.9%）と比較してもたいへんに良好な値が得られます．

表 12.3　精度を高めた補正式を用いた波頭長の理論値からの計算誤差

T_p [μs]	T_2 [μs]	算出値(μs)	誤差(%)
200	1000	200.0	−0.16
250	1000	250.0	0.01
300	1000	299.9	0.16
200	2500	200.0	−0.31
250	2500	250.0	−0.38
300	2500	300.0	−0.37
200	4000	200.0	−0.11
250	4000	250.0	−0.21
300	4000	300.0	−0.29
20	4000	19.94	−0.09

12.2.3　規格改訂案に従った処理方法

先に述べたように，開閉インパルス電圧の波頭長の定義方法は，アナログオシロスコープを用いていた時代には不都合はありませんでしたが，ディジタルレコーダを用いる現在では現象が開始する真の原点や，波高点に達する時間の決定は離散データを用いるためにかなり困難となってきています．

そのため，IEC規格では開閉インパルスの波頭長の定義を雷インパルス電圧の定義と同様に30%波高点に達する時間と90%波高点に達する時間との間隔を0.6で除するように変更することが議論されています．この場合，従来の標準開閉インパルス電圧である250/2500 impulseの波形は170/2500 impulseに変更となります．

12.3　算出プログラムの例

インパルス電圧の波形パラメータを算出するために用いるソフトウェアは，IEC 61083-2（JIS C 61083-2）の規定する**試験データ発生器**（**IEC-TDG**）から生成される基準データを解析して波形パラメータを算出し，その値が既定の裕度内にあれば使用することができます．基準データのフォーマットは，データ頭部分5行はヘッダとして情報が記載され，以下1行ごとに1サンプルのデータが時間と電圧値がタブで区切られた形式で格納されています．またこのような形式はIEC-TDG形式と呼ばれています．

基準データは，全波雷インパルス電圧（LI），裁断波雷インパルス電圧（LIC），開閉インパルス電圧（SI），インパルス電流（IC）ならびに振動性雷インパルス電圧（OLI），振動性開閉インパルス電圧（OSI）があり，それぞれの波形には振動やオーバシュート，理論波形，実測波形などの様々なバリエーションが用意されています．

以降ではPythonを用いてインパルス波形を解析する具体的なプログラムをあげ，その動作を説明します．そのつぎにIEC-TDGを用いてプログラムの検証を行います．

12.3.1　雷インパルス電圧

それではまず**雷インパルス電圧**を解析するプログラム例を示します．Pythonを使い慣れた人ならもっと簡潔なプログラムで記述することが可能ですが，ここではその動作を理解するために1行でコーディングできる部分もあえて冗長なコーディングを示しています.

```
import numpy as np
import scipy.optimize as optimize
import matplotlib.pyplot as plt
import math as mth

def double_exp_curve(t,vm,al,be,t0):
    return vm*(np.exp(-al*(t-t0))-np.exp(-be*(t-t0)))

def LI_Para_Calc(tt,vt,G_sw):
#波形パラメータの計算
    dst=tt[1]-tt[0]
#ゼロレベルの算出
    Vzero=np.average(vt[0:100])
    vt=np.array(vt)-Vzero
    max_measure=np.max(vt)
    max_i=np.argmax(vt)
    dlength=np.size(vt)
    if G_sw==True:
        plt.plot(np.array(tt)*1e6,vt,label="Impulse wave")

    #波頭の 5%波高点をサーチ
    for i in range(0, max_i):
        if(vt[i]>=max_measure*0.05):
            starti=i
            break

    #波尾の 40%波高点をサーチ
    if(vt[dlength-1]<max_measure*0.4):
        for i in range(max_i,dlength-1):
            if(vt[i]<=max_measure*0.4):
                endi=i
                break
    else:
        endi=dlength-1

    #データをコピー
    test_voltage=[]
    test_time=[]
    test_voltage=vt[starti:endi] #抽出原波形
    test_time=tt[starti:endi]
    lsm_time=test_time
    rv_voltage=[]
    rv_voltage=vt[starti:endi]              #差分波形
    calc_voltage=np.zeros(endi-starti)
    if G_sw==True:
        plt.plot(np.array(test_time)*1e6,test_voltage,"r",label="5-40%")

    #最小 2乗近似
    vm=1.0*max_measure
    al=115*1e2
    be=3465*5e2
    t0=lsm_time[0]
    parameter_initial=np.array([vm,al,be,t0])
    param,cov=optimize.curve_fit(double_exp_curve,test_time,test_voltage,p0=
parameter_initial,maxfev=1000)

    lsm_voltage=np.zeros(endi-starti)    #最小 2乗した波形
```

```
    for i in range(0,endi-starti):
        lsm_voltage[i]=double_exp_curve(test_time[i],*param)
    dlength_lsm=np.size(lsm_voltage)
    if G_sw==True:
        plt.plot(np.array(test_time)*1e6,np.array(lsm_voltage),"g",label="LSM wave")
        plt.legend()
        plt.show()

    #差分を取り出す
    for i in range(0, endi-starti):
        rv_voltage[i]=np.array(test_voltage[i])-np.array(lsm_voltage[i])
    rv_time=lsm_time

    #差分に対してIIR フィルタ
    X=mth.tan(3.1415926*dst/mth.sqrt(0.0000000000022))
    a1=(1-X)/(1+X)
    b0=X/(1+X)

    filterd_v=np.zeros(dlength_lsm)
    filterd_v[0]=test_voltage[0]

    for i in range(1,dlength_lsm-1):
        filterd_v[i]=b0*(rv_voltage[i]+rv_voltage[i-1])+a1*filterd_v[i-1]
    for i in range(dlength_lsm-1,0,-1):
        filterd_v[i]=b0*(rv_voltage[i]+rv_voltage[i-1])+a1*filterd_v[i-1]

    if G_sw==True:
        plt.plot(np.array(rv_time)*1e6,np.array(rv_voltage),label="Residual cueve")
        plt.plot(np.array(rv_time)*1e6,np.array(filterd_v),label="Filtered cueve")
        plt.legend()
        plt.show()

    #波形の合成
    for i in range(0, endi-starti):
        calc_voltage[i]=np.array(filterd_v[i])+np.array(lsm_voltage[i])
    calc_time=rv_time

    if G_sw==True:
        plt.plot(np.array(rv_time)*1e6,np.array(calc_voltage))
        #plt.xlim(-2,5)
        plt.legend()
        plt.show()

    #パラメータ計算
    #ピーク値
    Pk=np.max(calc_voltage)
    Pk_i=np.argmax(calc_voltage)
    beta=(max_measure-Pk)/Pk*100

    #波頭の 30%波高点をサーチ
    for i in range(0,Pk_i):
        if(calc_voltage[i]>Pk*0.3):
            i301=i-1
            break
    for i in range(Pk_i,0,-1):
        if(calc_voltage[i]<Pk*0.3):
            i302=i+1
            break
```

```
115        t30=calc_time[i301]+(calc_time[i302]-calc_time[i301])*(Pk*0.3-calc_voltage[
    i301])/(-calc_voltage[i301]+calc_voltage[i302])
116
117        #波頭の 90%波高点をサーチ
118        for i in range(i302,Pk_i):
119            if(calc_voltage[i]>Pk*0.9):
120                i901=i-1
121                break
122        for i in range(Pk_i,i302,-1):
123            if(calc_voltage[i]<Pk*0.9):
124                i902=i+1
125                break
126        t90=calc_time[i901]+(calc_time[i902]-calc_time[i901])*(Pk*0.9-calc_voltage[
    i901])/(-calc_voltage[i901]+calc_voltage[i902])
127        T1=(t90-t30)/0.6
128
129        #波尾の 50%波高点をサーチ
130        for i in range(Pk_i,dlength_lsm-1):
131            if(calc_voltage[i]<Pk*0.5):
132                i501=i-1
133                break
134        for i in range(dlength_lsm-1,Pk_i,-1):
135            if(calc_voltage[i]>Pk*0.5):
136                i502=i+1
137                break
138        t50=calc_time[i501]+(calc_time[i502]-calc_time[i501])*(Pk*0.5-calc_voltage[
    i501])/(-calc_voltage[i501]+calc_voltage[i502])
139        T2=t50-(t30-3*(t90-t30)/6)
140        return [Pk,beta,T1,T2]
141
142    Bit=8
143    St=1.0e-9
144    DataLength=80000
145    INL=0.001
146    SF=1.0
147
148    filename='**********.tdg' #TDG 波形パラメータのファイル名
149    filepath='D:/**********/' #ファイルのパス名
150    measure_voltage_org=np.genfromtxt(filepath+filename,delimiter=',',dtype=float)
151
152    temp_array=np.transpose(measure_voltage_org)
153    time_measure=list(temp_array[0])
154    voltage_measure=list(temp_array[1])
155    para=[]
156    para=LI_Para_Calc(time_measure,voltage_measure,False)
157    print("File name:",filename)
158    print("Vp:",round(para[0],3),"[V]")
159    print("β:",round(para[1],3),"[%]")
160    print("T1:",round(para[2]*1e6,3),"[μs]")
161    print("T2:",round(para[3]*1e6,3),"[μs]")
```

プログラムはつぎの QR コードからダウンロードできます．

ここで，このプログラムの動作について説明を行います．

(1)　1–4 行目：ライブラリをインポートします．ここでは数値演算用の numpy,

scipy，グラフ描画用のmatplotlib，そして三角関数計算用に用いたmathの4つのライブラリをインポートしています

(2) 6–7行目：インパルス電圧を示す関数，いわゆる2重指数関数を定義しています．この後kファクタの処理で用います．

(3) 9–140行目：kファクタ法を用いた雷インパルス電圧の波形パラメータを計算する関数です．処理の詳細については以下に示します．

(4) 9行目：LI_Para_Calcの関数名は雷インパルス（LI）のパラメータ（Para）を計算する（Calc）の意味です．また，引数は時間のリスト（tt），電圧データのリスト（vt）およびグラフ表示を行わせるスイッチ（G_sw==Trueでグラフを表示します）です．

(5) 11行目：サンプリング間隔を計算します．

(6) 13–17行目：電圧データの最初の100点を平均して電圧ゼロに対するディジタル出力レベルを計算して，全体データから引き去ります．続いてデータの最大値とそのデータ点および測定データのサイズを取得します．

(7) 21–25行目：電圧データの最初から最大点までの間で最大値の5%を最初に超える点を探します．

(8) 27–34行目：電圧データの最大点から最後までの間で最大値の40%を最初に超える点を探します．

(9) 37–44行目：リストtest_voltageとtest_timeに上記で求めた範囲の電圧データと時間データをコピーします．またrv_voltageは残差曲線を格納するリスト，calc_voltageは波形パラメータを計算するためのデータを格納するリストです．

(10) 48–54行目：最小2乗法を用いて2重指数関数にフィッティングします．53行目のパラメータが近似する変数で，54行目のcurve_fitが最小2乗法のモジュールです．

(11) 56–59行目：最小2乗法で得られたパラメータを使って，2重指数関数から生成されるベース曲線を計算します．計算結果はリストlsm_voltageに格納します．

(12) 65–68行目：残差曲線を格納するリストrv_voltageにtest_voltageからlsm_voltageを引いたデータを格納します．

(13) 70–81行目：残差曲線rv_voltageに対して無限インパルス応答（IIR）

フィルタを施します．フィルタをかけられたデータはリスト filterd_v に格納されます．

(14) 89–92 行目：フィルタをかけられたデータ filterd_v とベース曲線データ lsm_voltage を加えて calc_voltage に格納します．

(15) 100–139 行目：雷インパルス電圧の波形パラメータを計算するルーチンです．それぞれのパラメータの算出方法についてはそれぞれ以下で説明します．

(16) 101–104 行目：波高値およびオーバシュート率の計算を行います．波高値は calc_voltage の最大値，オーバシュートは 15 行目で求めた max_measure と calc_voltage の差から算出します．

(17) 106–115 行目：波頭長を算出するために必要な 30% 波高点に達する点 t_{30} を求めます．107 行目では時間の早い方から最大値方向に向かってピーク値の 30% を超える点 t_{301} をサーチします．111 行目からは今度はピーク値から時間を遡ってピーク値の 30% を超える点 t_{302} をサーチします．115 行目では，30% 波高点に達する点 t_{30} を t_{301} と t_{302} を補間して求めます．

(18) 117–126 行目：波頭長を算出するために必要な 90% 波高点に達する点 t_{90} を上記と同様な手法を用いて求めます．

(19) 127 行目：波頭長を $\frac{t_{90}-t_{30}}{0.6}$ から算出します．

(20) 129–138 行目：波尾長を算出するために必要な 50% 波高点に達する点 t_{50} を求めます．t_{50} は t_{30}，t_{90} と異なり，波高点に達する点を開始位置として，データの後半へ向けてサーチし，つぎにデータの最後から波高点に達する点までデータを遡ってサーチを行います．

(21) 139 行目：波尾長 T_2 を計算します．波尾長は規約原点からの時間になりますが，規約原点の値は，t_{30} から波頭長の 0.3 倍を引いた値から計算できます．

(22) 140 行目：9 行目に始まったインパルスパラメータ計算関数 LI_Para_Calc を終了します．

(23) 142–149 行目：プログラムのメインルーチンです．必要な情報として，分解能 Bit [bit]，サンプリング間隔 St [s]，データ長 DataLength [words]，内部ノイズレベル INL [%fsd]，スケールファクタ SF，およびファイル名

filename，ファイルのパス名 filepath を設定します（パス名は任意）.

(24)　150 行目：リスト measure_voltage_org にデータを読み込みます.

(25)　152–154 行目：データから，時間データ time_measure と電圧データ voltage_measure に分離します.

(26)　155–161 行目：インパルスの波形パラメータを計算して，結果を表示します.

12.3.2　開閉インパルス電圧

続いて**開閉インパルス電圧**を解析するプログラム例を示します．ここでは現行 IEC 規格の規定に基づいた処理を行うプログラムを示します．プログラムの動作の解説はここでは省きますが，雷インパルスの規定に比べて緩やかなため，コードも雷インパルスの解析方法と比較して簡単なコードで書かれています.

```
import numpy as np
import matplotlib.pyplot as plt

def SI_Para_Calc(tt,vt,G_sw):
#波形パラメータの計算
#ゼロレベルの算出
    Vzero=np.average(vt[0:100])
    vt=np.array(vt)-Vzero
    dlength=np.size(vt)
    if G_sw==True:
        plt.plot(np.array(tt)*1e6,vt,label="Impulse wave")

    #ピーク値
    Pk=np.max(vt)
    Pk_i1=np.argmax(vt)
    Pk_i2=Pk_i1
    while(vt[Pk_i2]==Pk):
        Pk_i2+=1
    Pk_i=int((Pk_i1+Pk_i2)/2)

    #Tp
    #現象開始点のサーチ
    #波頭の 5%波高点をサーチ
    for i in range(0,Pk_i):
        if(vt[i]>Pk*0.05):
            i051=i-1
            break
    for i in range(Pk_i,0,-1):
        if(vt[i]<Pk*0.05):
            i052=i+1
            break
    t05=tt[i051]+(tt[i052]-tt[i051])*(Pk*0.05-vt[i051])/(-vt[i051]+vt[i052])
    #波頭の 6%波高点をサーチ
    for i in range(i052,Pk_i):
        if(vt[i]>Pk*0.06):
            i061=i-1
            break
    for i in range(Pk_i,0,-1):
```

```
        if(vt[i]<Pk*0.06):
            i062=i+1
            break
    t06=tt[i061]+(tt[i062]-tt[i061])*(Pk*0.06-vt[i061])/(-vt[i061]+vt[i062])
    t0=(Pk*0.06-(Pk*0.01/(t06-t05))*t06)/(Pk*0.01/(t06-t05))

    #波頭の 30%波高点をサーチ
    for i in range(0,Pk_i):
        if(vt[i]>Pk*0.3):
            i301=i-1
            break
    for i in range(Pk_i,0,-1):
        if(vt[i]<Pk*0.3):
            i302=i+1
            break
    t30=tt[i301]+(tt[i302]-tt[i301])*(Pk*0.3-vt[i301])/(-vt[i301]+vt[i302])

    #波頭の 90%波高点をサーチ
    for i in range(i302,Pk_i):
        if(vt[i]>Pk*0.9):
            i901=i-1
            break
    for i in range(Pk_i,i302,-1):
        if(vt[i]<Pk*0.9):
            i902=i+1
            break
    t90=tt[i901]+(tt[i902]-tt[i901])*(Pk*0.9-vt[i901])/(-vt[i901]+vt[i902])
    TAB=t90-t30

    #波尾の 50%波高点をサーチ
    for i in range(Pk_i,dlength-1):
        if(vt[i]<Pk*0.5):
            i501=i-1
            break
    for i in range(dlength-1,Pk_i,-1):
        if(vt[i]>Pk*0.5):
            i502=i+1
            break
    t50=tt[i501]+(tt[i502]-tt[i501])*(Pk*0.5-vt[i501])/(-vt[i501]+vt[i502])
    T2=t50+t0
    K=2.42-3.08e-3*TAB+1.51e-4*T2
    Tp=K*TAB
    return [Pk,Tp,T2]

filename='**********.tdg' #TDG 波形パラメータのファイル名
filepath='D:/**********/' #ファイルのパス名
measure_voltage_org=np.genfromtxt(filepath+filename,delimiter=',',dtype=float)
temp_array=np.transpose(measure_voltage_org)
time_measure=list(temp_array[0])
voltage_measure=list(temp_array[1])
para=[]

para=SI_Para_Calc(time_measure,voltage_measure,True)
print("File name:",filename)
print("Vp:",round(para[0],3),"[V]")
print("Tp:",round(para[1]*1e6,3),"[μs]")
print("T2:",round(para[2]*1e6,3),"[μs]")
```

プログラムはつぎのQRコードからダウンロードできます．

ここで，このプログラムの動作について説明を行います．

(1) 1–2行目:ライブラリをインポートします．ここでは数値演算用の`numpy`，`scipy`，グラフ描画用の`matplotlib`をインポートしています．

(2) 4–81行目：開閉インパルス電圧の波形パラメータを計算する関数です．処理の詳細については以下に示します．

(3) 4行目：`SI_Para_Calc`の関数名は開閉インパルス（SI）のパラメータ（`Para`）を計算する（`Calc`）の意味です．また，引数は時間のリスト（`tt`），電圧データのリスト（`vt`）およびグラフ表示を行わせるスイッチ（`G_sw==True`でグラフを表示します）です．

(4) 6–9行目：電圧データの最初の100点を平均して電圧ゼロに対するディジタル出力レベルを計算して，全体データから引き去ります．続いてデータの最大値とそのデータ点および測定データのサイズを取得します．

(5) 13–19行目：電圧リストの最大値から波高値を求めます．開閉インパルス電圧をディジタル測定するとき，波高値付近に同じ電圧値が並ぶことがあります．このようなときは中央値を波高値に達する点とします．

(6) 22–43行目：開閉インパルス電圧の現象開始点t_0を求めます．立ち上がりの5%波高点と6%波高点を通る直線が電圧0になる時間をt_0と仮定して求めています．

(7) 45–54行目：波頭長を算出するために必要な30%波高点に達する点t_{30}を求めます．46行目では時間の早い方から最大値方向に向かってピーク値の30%を超える点t_{301}をサーチします．50行目からは今度はピーク値から時間を遡ってピーク値の30%を超える点t_{302}をサーチします．54行目では，30%波高点に達する点t_{30}をt_{301}とt_{302}を補間して求めます．

(8) 56–66行目：波頭長を算出するために必要な90%波高点に達する点t_{90}を上記と同様な手法を用いて求めます．

(9) 68–77行目：波頭長および波尾長を算出するために必要な50%波高点に達する点t_{50}を上記と同様な手法を用いて求めます．

(10)　78 行目：波尾長 T_2 を計算します.

(11)　79 行目：波頭長を算出するための係数 K を計算します.

(12)　80 行目：波頭長を $(t_{90} - t_{30}) \times K$ から算出します.

(13)　81 行目:7 行目に始まったインパルスパラメータ計算関数 `SI_Para_Calc` を終了します.

(14)　83–95 行目：プログラムのメインルーチンです. 最初にファイル名 `filename` とファイルのパス名 `filepath` を設定します（パス名は任意).

(15)　85 行目：リスト `measure_voltage_org` にデータを読み込みます.

(16)　86–88 行目：データから，時間データ `time_measure` と電圧データ `voltage_measure` に分離します.

(17)　89–95 行目：インパルスの波形パラメータを計算して，結果を表示します.

12.3.3　ステップ応答パラメータ

11.2.8 項で示したステップ応答パラメータの算出もインパルス電圧測定システムの性能を評価するために重要な試験です. ここではステップ応答パラメータを算出するプログラム例を示します.

```
import numpy as np
import matplotlib.pyplot as plt
import math as mth

filename='**********.tdg' #TDG 波形パラメータのファイル名
filepath='D:/**********/' #ファイルのパス名
step_response_org=np.genfromtxt(filepath+filename,delimiter=',',dtype=float)

#計算オプション
IIR_SW=True         #IIR を行うか
NOMINAL_SW=True     #ノミナルエポックを考慮した正規化を行うか

org_array=np.transpose(step_response_org)
time_response=list(org_array[0])
step_response=list(org_array[1])
dlength=np.size(time_response)
st_r=(time_response[10]-time_response[0])/10

#レスポンスの正規化
minp=np.average(step_response[0:100])
maxp=np.average(step_response[dlength-100:dlength])
step_response=np.multiply(step_response,1.0/(maxp-minp))-minp/(maxp-minp)

#初期ゼロ部を削除
step=int(dlength/10)
for i in range(9,0,-1):
    if np.average([step_response[i*step+j] for j in range(step-1)])<0.01:
        break
```

```
    if i!=0:
        starti=(i-1)*step
        zeroi=i*step
    else:
        starti=0
        zeroi=0
templength=dlength-starti
temp_time=np.zeros(templength)
temp_array=step_response[starti:]
temp_time=[(i-templength+zeroi)*st_r for i in range (templength)]
step_response=temp_array
time_response=temp_time
dlength=np.size(time_response)

plt.plot(np.array(time_response)*1e6,np.array(step_response),label="Step response")
plt.legend()
plt.show()
print("File name:",filename)
print("Sampling time:",round(st_r*1e9,2),"[ns], Data length:",dlength)
print("Filtering:",IIR_SW)
print("Nominal Epoch:",NOMINAL_SW)

#IIRフィルタ
if IIR_SW==True:
    temp_array=np.zeros(dlength)
    dst=st_r
    Fc=20 #MHz
    Kf=(mth.sqrt(2)-1)/(Fc)**2
    X=mth.tan(3.1415926*dst/mth.sqrt(Kf*1.0e-13))#0.0000000000001))
    a1=(1-X)/(1+X)
    b0=X/(1+X)
    temp_array[0]=0
    for i in range(1,dlength-1):
        temp_array[i]=b0*(step_response[i]+step_response[i-1])+a1*temp_array[i-1]
    for i in range(dlength-1,1,-1):
        temp_array[i]=b0*(step_response[i]+step_response[i-1])+a1*temp_array[i-1]
    dlength=np.size(temp_array)
    step_response=np.zeros(templength)
    step_response=temp_array
    time_response=temp_time
    print ("Cut off frequency :",Fc,"MHz")

#立ち上がり部の抽出
mp=np.max(step_response)
for i in range(0,dlength):
    if step_response[i]==mp:
        mi=i
        break
frontpart_array=np.zeros(mi)
frontpart_time=np.zeros(mi)
frontpart_array[:mi]=step_response[:mi]
frontpart_time[:mi]=time_response[:mi]
step=int(mi/20)
for i in range(19,0,-1):
    if np.average([frontpart_array[i*step+j] for j in range(step-1)])<0.01:
        break
    if i!=0:
        starti=(i-1)*step
    else:
        starti=0
```

```
templength=mi-starti-1
temp_array=[frontpart_array[i+starti] for i in range(mi-starti-1)]
temp_time=[frontpart_time[i+starti] for i in range(mi-starti-1)]
frontpart_array=temp_array
frontpart_time=temp_time
flength=np.size(frontpart_time)

#最大傾斜点のサーチ
delta_frontpart_time=[frontpart_time[i] for i in range(flength-2)]
delta_frontpart_array=[frontpart_array[i+1]-frontpart_array[i] for i in range(flength-2)]
delta_max_p=np.max(delta_frontpart_array)
for i in range(0,flength-2):
    if delta_frontpart_array[i]==delta_max_p:
        delta_max_i=i

#規約原点の決定
X=[frontpart_time[delta_max_i-1],frontpart_time[delta_max_i],frontpart_time[delta_max_i+1]]
Y=[frontpart_array[delta_max_i-1],frontpart_array[delta_max_i],frontpart_array[delta_max_i+1]]
temparray=(np.polyfit(X,Y,1))
t0=-temparray[1]/temparray[0]

#時間軸の再スケール
time_response=np.array(time_response)-t0
frontpart_time=np.array(frontpart_time)-t0

#ノミナルエポックを考慮した再正規化
if NOMINAL_SW==True:
    for i in range(0,dlength):
        if time_response[i]>0.84e-6:
            break
    i084=i-1
    for i in range(i084,dlength):
        if time_response[i]>1.56e-6:
            break
    i156=i
    kepoc=np.average(step_response[i084:i156])
    step_response=np.array(step_response)*kepoc
else:
    i156=dlength-1

#部分応答時間Ta
for i in range(0,dlength):
    if step_response[i]>1:
        break
Ta=(time_response[i-1]+(1-step_response[i-1])/(step_response[i]-step_response[i-1])*st_r)/2
print("Ta=",round(Ta*1e9,2),"[ns]")

#オーバシュートβ
beta=(np.max(step_response)-1.0)*100
print("β=",round(beta,1),"[%]")

#応答時間 Tn
Tn=0.0
for i in range(0,dlength):
    if time_response[i]>0:
        break
t0i=i
```

```
146 Tn=np.zeros(i156-t0i+1)
147 Tnt=np.zeros(i156-t0i+1)
148 Tn[0]=(1+1-step_response[t0i])*time_response[t0i]/2
149 Tnt[0]=time_response[t0i]
150 j=1
151 for i in range(t0i, i156):
152     Tn[j]=Tn[j-1]+(1-step_response[i]+1-step_response[i+1])*st_r/2
153     Tnt[j]=Tnt[j-1]+st_r
154     j+=1
155 tn=Tn[i156-t0i-1]
156 print("Tn=",round(tn*1e9,2),"[ns]")
157 Ilength=j
158 plt.plot(Tnt*1e6,Tn*1e9,label="Step response integral")
159
160 #安定時間
161 plt.axhline(tn*1e9,color="0.7",ls="--")
162 plt.axvline(0,color="0.7",ls="--")
163 X=np.array([0.0,1.56])
164 Y=np.array([tn*1e9,tn*1e9+(0.02*1.56e3)])
165 plt.plot(X,Y,"g--")
166 X=np.array([0.0,1.56])
167 Y=np.array([tn*1e9,tn*1e9-(0.02*1.56e3)])
168 plt.plot(X,Y,"g--")
169
170 for i in range(Ilength-1,0,-1):
171     if Tn[i]<tn-(0.02*Tnt[i]):
172         plt.plot(Tnt[i]*1e6,Tn[i]*1e9,".")
173         break
174 itsl=i
175 for i in range(Ilength-1,0,-1):
176     if Tn[i]>tn+(0.02*Tnt[i]):
177         plt.plot(Tnt[i]*1e6,Tn[i]*1e9,".")
178         break
179 itsu=i
180 its=max(itsl,itsu)
181 ts=Tnt[its]
182 print("ts=",round(ts*1e9,2),"[ns]")
183
184 plt.legend()
185 plt.show()
```

プログラムはつぎの QR コードからダウンロードできます.

ここで，このプログラムの動作について説明を行います.

(1)　1–3 行目：ライブラリをインポートします．ここでは数値演算用の **numpy**，**math**，グラフ描画用の **matplotlib** をインポートしています.

(2)　5–7 行目：データファイルをリスト **step_response_org** に格納します.

(3)　9–11 行目：振動が多いときに IIR を用いたフィルタリングを行う場合には **True** を，フィルタリングしない場合には **False** を指定します．また，実験応答時間 T_N の計算にノミナルエポックの代表値 (0.84〜1.56 μs) を用いる場合は `True` を，データの最終値を用いる場合には `False` を指定します．

(4)　13–17 行目：時間データと電圧データをそれぞれリスト `time_response` および `step_response` に格納して，データ長とサンプリング時間を計算します．

(5)　19–22 行目：電圧データの最初の 100 点と最後の 100 点の平均値からステップ応答波形を正規化します．

(6)　24–41 行目：電圧の最初の 0 部分は不要なため，取り除きます．

(7)　51–69 行目：フィルタリングを行う場合は，ここで測定データに IIR フィルタを施します．カットオフ周波数は 55 行目で指定します．

(8)　71–102 行目：立ち上がり点から最大値までのデータを抽出して，傾斜が最大となる点をサーチします．

(9)　104–112 行目：傾斜が最大となる点とその前後 3 点を通る直線を引き，その直線が時間軸と交わる点 t_0 を算出します．

(10)　114–127 行目：変数 `NOMINAL_SW` が `True` のときに雷インパルス電圧のノミナルエポックの代表値を用いて再正規化します．

(11)　129–134 行目：ステップレベルが最初に 1 になる点が部分応答時間であることから部分応答時間を算出します．

(12)　136–138 行目：ステップレベルの最大値と 1 との差がオーバシュートであることからオーバシュートを算出します．

(13)　140–158 行目：ステップ応答積分を台形公式を用いて求め，$t = 1.56\,\mu\mathrm{s}$ の点もしくは最終データにおける積分値を実験応答時間として算出します．

(14)　160–182 行目：170–173 行目のループと 175–178 行目のループで応答積分が $+2\%$ または -2% を超える点を算出します．180 行目で両値の大きいほうを安定時間とします．

12章の演習問題

□ **12.1**　12.3.1 項のプログラムの 117 行目では補間法の考え方に基づいて 30% 波高点に達する時間を求めている．このときの算出方法の考え方について説明せよ．

□ **12.2**　カットオフ周波数 $f_c = 20$ MHz の IIR フィルタを設計したい．このときのフィルタ係数を求めよ．

第13章

絶縁耐力試験

高電圧試験は電力機器やケーブルが使用中に十分な絶縁耐力を有することを確認する試験です．本章では高電圧試験のうち，電力機器が特定の過電圧に耐えうることを確認する目的で実施する絶縁耐力試験について学習します．

13.1 高電圧試験

高電圧試験は，すでに1890年頃のアメリカでは電力用変圧器に対して定格電圧の2倍の交流電圧を1分間印加して，絶縁耐力を確認する試験が行われていました．現在でもこれをもとにして約2倍の過電圧を1分間印加して電力機器の絶縁耐力を確認する交流耐電圧試験が行われています．また，1910年台に入ると，送電線に対する雷サージの影響を最小限に抑えるためにがいしの個数を増やすなどして線路の絶縁が強化されました．その結果，これまで送電線から鉄塔を伝って放電していた雷サージの逃げ場が失われることとなり，送電線の両端に接続された変圧器や遮断器が次々と雷サージの被害を受けるという事態に見舞われました．そのため，1920年頃には重要な機器を雷害から守るため，高電圧系統全体で絶縁設計を行うといった絶縁協調の考え方が取り入れられるようになってきました．この絶縁協調の考えでは，送電線を直撃雷から防ぐための架空地線の敷設や，接地抵抗の低減，アーキングホーンならびに避雷器の導入などを行い，それぞれの機器がその重要度に応じて絶縁レベルを決定します．そのため，交流電圧に加えて雷サージのような過渡過電圧による試験の重要性が注目されるようになり，さらに近年の送電電圧の上昇に伴って開閉サージの問題も無視できなくなったことで，雷および開閉インパルス電圧試験が導入されるようになりました．さらにこれまでの1分間試験だけでなく，長時間電圧を印加し続けた際の経年劣化を想定して，部分放電試験も導入されるようになってきました．

13.2 高電圧試験の分類

高電圧を用いた試験を大別すると，**表 13.1** に示すように所定の高電圧を供試物である電力製品に印加して絶縁破壊が生じないことを確認する**絶縁耐力試験**と，絶縁破壊が生じない電圧を供試物に印加して絶縁抵抗や部分放電の有無などを確認する**絶縁特性試験**の 2 種類に分類することができます．また，これらの試験に対して，**表 13.2** に示すように IEC，JIS，JEC などの国際ならびに国内規格が制定されていて，この中で試験の実施方法が厳格に規定されています．

表 13.1 高電圧試験の一覧

絶縁耐力試験	直流電圧試験	直流耐電圧試験
		直流破壊放電電圧試験
	交流電圧試験	交流耐電圧試験
		長時間交流耐電圧試験
		注水交流耐電圧試験
		交流破壊放電電圧試験
		人工汚損試験
	インパルス電圧試験	インパルス耐電圧試験
		50%スパークオーバ試験
		インパルス破壊放電電圧試験
		電圧–時間特性曲線試験
	インパルス電流試験	インパルス耐電流試験
		インパルス電流–電圧特性試験
絶縁特性試験	直流試験	絶縁抵抗試験
		直流吸収試験
	交流電流試験	
	部分放電試験	
	誘電正接試験	

表 13.2　高電圧試験の規格の一例

IEC 60060-1 Ed.3.0:2010	High-voltage test techniques - Part 1: General definitions and test requirements
IEC 60060-2 Ed.3.0:2010	High-voltage test techniques - Part 2: Measuring systems
IEC 60060-3 Ed.1.0:2006	High-voltage test techniques - Part 3: Definitions and requirements for on-site testing
IEC 60052 Ed.3.0:2002	Voltage measurement by means of standard air gaps
IEC 61083-1 Ed.2.0:2021	Instruments and software used for measurements in high-voltage and high-current tests - Part 1: Requirements for instruments for impulse tests
IEC 61083-2 Ed.2.0:2013	Instruments and software used for measurement in high-voltage and high-current tests - Part 2: Requirements for software for tests with impulse voltages and currents
IEC 61083-3 Ed.1.0:2020	Instruments and software used for measurement in high-voltage and high-current tests - Part 3: Requirements for hardware for tests with alternating and direct voltages and currents
IEC 60270 Ed.3.1:2015	High-voltage test techniques - Partial discharge measurements
IEC 61180 Ed.1.0:2016	High-voltage test techniques for low-voltage equipment - Definitions, test and procedure requirements, test equipment
IEC 62475 Ed.1.0:2010	High-current test techniques - Definitions and requirements for test currents and measuring systems
JIS C 1001:2010	標準気中ギャップによる電圧測定方法
JIS C 61083-2:2016	インパルス電圧及び電流試験に用いるソフトウェアに関する要求事項
JEC-0203-2022	交電圧試験一般
JEC-0204-2022	高電圧測定用システム
JEC-0221-2007	インパルス電圧・電流試験用測定器に対する要求事項
JEC-0401-1990	部分放電測定
JEC-6148-2002	電気絶縁材料の絶縁抵抗試験方法通則

13.3 直流電圧試験

直流電圧試験は，直流用の機器や関連する電気工作物に対して，過電圧が印加されても絶縁物に対する損傷が生じないことや，長い年月の間，使用電圧に対して絶縁性能が低減しないことを確認する試験です．試験電圧は電圧変動率，リプル率ともに3% を超えない直流電圧であることが規定されています．

13.3.1 直流耐電圧試験

直流耐電圧試験は供試物に所定の試験電圧を短時間印加して，破壊放電が生じないことを確認する試験です．試験電圧の印加時間が長い時間にわたる場合には，**長時間直流耐電圧試験**，注水状況下で実施する試験を**注水直流耐電圧試験**と呼びます．

直流高電圧の耐電圧試験では，試験開始時の電源投入時に生ずる異常過渡電圧の発生を抑制するために十分低い電圧から印加を始めます．そこから徐々に電圧を上げますが，上昇速度は測定器の表示の応答速度よりも遅くし，電圧が目標電圧 V_{t} の 75% 以上となった際には 2% $V_{\mathrm{t}}/\mathrm{s}$ の電圧上昇速度で上昇していきます．印加電圧が目標値 V_{t} に達すると，規定で示された時間（通常60秒間）電圧値を維持します．この間，破壊放電が生じなければ，耐電圧試験は合格になります．

印加した電圧を放電するときは，いきなり短絡するのではなく，適当な値の抵抗（1 MΩ 程度）を介して放電します．

13.3.2 直流破壊放電電圧試験

直流破壊放電電圧試験は供試物の直流破壊放電電圧を求める試験で，供試物が破壊するまで連続的に電圧を印加します．電圧を印加する方法は供試物の種類によって異なりますが，定印法，上昇法，突印法のほかに，極性反転電圧印加法（極性反転法）ならびに重畳電圧印加法（重畳法）などがあります．極性反転法は，最初に所定の極性の試験電圧を所定時間印加した後に，すばやく逆の極性の所定の試験電圧を印加して所定の時間保持する試験方法です．重畳法は，所定の直流電圧を印加しているところにインパルス電圧を重畳させる試験方法です．直流電圧の試験電圧の測定方法には，9.3.1 項に示した高抵抗および標準ギャップ（棒–棒ギャップ）を用います．

13.4 交流電圧試験

3 相非接地系において 1 相短絡事故が起きた場合には健全相の対地電圧は $\sqrt{3}$ 倍にまで上昇します．そのためこの異常電圧に十分耐えることを確認する試験が必要です．交流電圧を用いた絶縁耐力試験はこの考え方に基づいた試験で，45〜65 Hz の商用周波電圧を用いて実施する試験です．変圧器などの誘導機器を試験する場合には 500 Hz 程度までが許容されています．試験電圧を印加する方法には以下の 3 種類が決められています．

13.4.1 交流耐電圧試験

交流耐電圧試験は供試物に所定の試験電圧を規定時間（通常 60 秒間）印加して，破壊放電が生じないことを確認する試験です．

交流高電圧の印加方法も直流電圧試験のときと同様に，試験開始時の電源投入時に生ずる異常過渡電圧の発生を抑制するために十分低い電圧から印加を始めます．そこから徐々に電圧を上げていき，上昇速度は測定器の表示の応答速度よりも遅くし，電圧が目標電圧 V_t の 75% 以上となった際には 2% V_t/s の電圧上昇速度で上昇していきます．

印加電圧が目標値 V_t に達すると，規定で示された時間電圧値を維持します．この間，破壊放電が生じなければ，耐電圧試験は合格になります．試験終了後には電圧を急速に降下させますが，あまりにも急激に降下させた場合には逆に開閉インパルスなどの異常電圧が生じることがあるため，注意が必要です．

試験電圧は表 13.3 に示すように，公称電圧に応じて規定されています．

13.4.2 交流破壊放電電圧試験

交流破壊放電電圧試験は供試物に対して交流破壊放電電圧を求める試験です．電圧は供試物で破壊放電が生ずるまで連続して上昇させながら印加しなければなりません．印加電圧の上昇率や，印加回数ならびに試験結果の評価法については供試物ごとに規定されていますが，主に上昇法を用いて試験を行うほか，所定の段階で電圧を高めていく試験法などがあります．

表 13.3 交流耐電圧試験の試験電圧値

公称電圧 (kV)	絶縁階級 (号)	試験電圧 (kV)	公称電圧 (kV)	絶縁階級 (号)	試験電圧 [kV]
3.3	3A	16	110	100	230
	3B	10		100S	
6.6	6A	22	154, 187	140	325
	6B	16		140S	
11	10A	28	220	170	395
	10B			170S	
22	20A	50	275	200	460
	20B			200S	
	20S		500	500L	750
33	30A	70		500H	
	30B				
	30S				
66	60	140			
	60S				
77	70	160			
	70S				

13.5 インパルス電圧試験

電力機器のインパルス電圧に対する絶縁強度を確認する試験がインパルス耐電圧試験です．インパルス電圧の測定は，10.1 節に示した分圧器を用いた測定システムを用いた方法や 10.1.2 項に示した球ギャップを用いる方法などがあります．

13.5.1 インパルス耐電圧試験

インパルス耐電圧試験は供試物に所定の試験電圧を印加して，絶縁破壊を生じないことを確認する試験です．雷インパルス耐電圧試験で用いる試験電圧は**表 13.4** に示すように機器の公称電圧によって規定されていて，正負極性のインパルス電圧を各 3 回印加して，絶縁破壊が生じなければ試験は合格です．

表 13.4　雷インパルスの試験電圧値

公称電圧(kV)	試験電圧(kV)	公称電圧(kV)	試験電圧(kV)
3.3	30	110	450
	45		550
6.6	45	154	650
	60		750
11	75	187	650
	90		750
22	75	220	750
	100		900
	125	275	950
	150		1050
33	150	500	1300
	170		1425
	200		1550
66	250		1800
	350	1000	1950
77	325		2250
	400		

13.5.2　50% スパークオーバ試験

波形および波高値が同じインパルス電圧を多数回印加した際に，破壊放電する確率（スパークオーバ率）が 50% となる電圧を求める試験のことを **50% スパークオーバ電圧試験**といいます．この試験は，10.1.2 項に示した標準球ギャップを用いた昇降法または補間法を用います．補間法はスパークオーバ率が 20% から 80% の間で，スパークオーバ電圧がスパークオーバ率とほぼ直線的な関係になることを利用して 50% スパークオーバ電圧を求める試験で，以下の手順で行います．

(a)　波形および波高値が同じインパルス電圧 V_m を 10 回以上供試物に印加してスパークオーバ率 m% を求める（$80 > m > 50$）．

(b)　電圧を V_n に変えて 10 回以上供試物に印加してスパークオーバ率 n% を求める（$50 > n > 20$）．

(c) 50%スパークオーバ電圧を以下の式から求める.

$$V_{50} = \frac{V_m(50-n)+V_n(m-50)}{m-n} \tag{13.1}$$

13.5.3 インパルス破壊放電電圧試験

インパルス破壊放電電圧試験は供試物のインパルス破壊放電電圧を求める試験で，電圧印加法は上昇法を用います．波形の種類だけではなく，電圧の上昇間隔，印加回数，印加頻度が破壊に影響を与えるため，これらの条件を絶縁破壊を起こした電圧値とともに記録する必要があります.

13.5.4 電圧–時間特性曲線試験

供試物が絶縁破壊する際には，印加電圧によって絶縁破壊する時間が異なります．絶縁破壊電圧を縦軸に，裁断までの時間を横軸にとったグラフを**電圧–時間曲線**（V–t 曲線）と呼びます．試験方法は雷インパルス電圧と開閉インパルスを用いる場合とでは異なります．雷インパルス電圧を用いる場合には，同一波形のインパルスで 5 点以上波高値を変化させて裁断までの時間を記録します．その結果，波高値が高い場合には裁断に至る時間は早く，波高値が低い場合には裁断までの時間は長くなります．図 13.1 に雷インパルス電圧の電圧–時

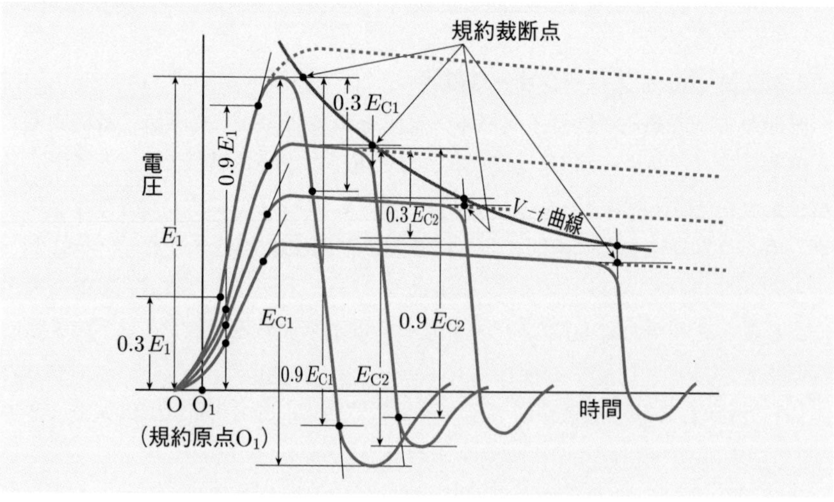

図 13.1 雷インパルスの電圧–時間曲線の例

間曲線の例を示します．

開閉インパルス電圧を用いる場合には，3 種類以上の波頭長を持つ波形を用いて試験を行います．図 13.2 に開閉インパルスの電圧–時間曲線の例を示します．また，開閉インパルス電圧の場合で，50% スパークオーバ電圧と波高値までの時間 T_p との関係をプロットしたものを，開閉インパルス電圧–波頭長曲線といいます．この曲線は図 13.3 に示すように下に凸の曲線を描きますが，50% スパークオーバ電圧の最低値に対応する波高値までの時間は臨界波頭長と呼ばれます．

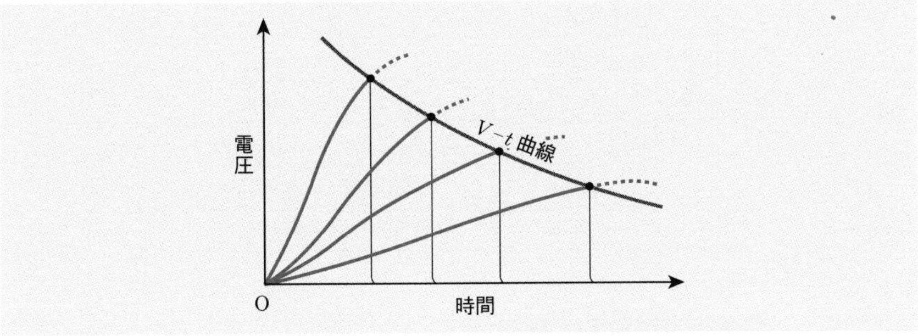

図 13.2　開閉インパルスの電圧–時間曲線の例

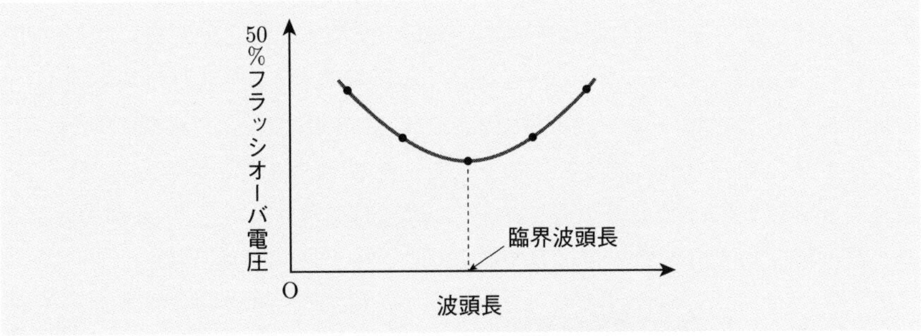

図 13.3　開閉インパルス電圧–波頭長曲線の例

13.6 注 水 試 験

注水試験は供試物ががいしなどの外部絶縁であるとき，そこに降り注ぐ雨の影響を確認するために実施される試験です．供試物に対して**表 13.5** に示す抵抗率と温度を持つ水を噴霧強度の垂直成分と水平成分がほぼ等しくなるように噴霧します．噴霧強度の測定は，開口 100 cm^2 から 750 cm^2 で，噴霧面に対して水平および垂直の開口部を持つ収集容器を用いて行われます．

表 13.5 注水試験の抵抗率と温度

降水条件		範囲
全平均降水量	垂直成分	1.0〜2.0 mm/min
	水平成分	1.0〜2.0 mm/min
個別測定値の限度		平均値の ±0.5 mm/min
水温		周囲温度 ±15°C
水の導電率		100 ± 155 [μS/cm]

13.6.1 注水交流耐電圧試験

注水交流耐電圧試験は降雨状態を想定してできるだけ細かい水滴を 3 mm/min の注水量（JEC の規定の場合．IEC 規格では 1.0〜1.5 mm/min）で圧力一定で供試物全体に注水を行いながら供試物に所定の試験電圧を 1 分間または 10 秒間印加して，絶縁破壊が生じないことを確認する試験です．注水には 100±15 Ω·m の抵抗率を持つ水を用いて供試物の中央で鉛直方向に対して 45 度の角度で行い，注水量は垂直成分を測定します．また，供試物が 1 本の直立支持がいしのような長い場合には，上下 2 点など複数箇所で測定を行って，注水が供試物に対して一様かつ十分包含することを確認しなければなりません．

13.6.2 人工汚損交流電圧試験

がいしが海塩やセメント，石膏などによって受ける汚損の特性を求めるために行う試験が**人工汚損交流電圧試験**です．人工汚損交流電圧試験には定印霧中法と等価霧中法，塩霧法，珪藻土法などがあります．JEC-0201 では定印霧中法と等価霧中法が規定されていますが，定印霧中法では水，とのこおよび食塩の混合液（円汚損用）または水，とのこおよび石膏の混合液（石膏汚損用）を作成し，これをがいしに塗布したのちに十分乾燥させてこれを供試物とします．一定電圧を印加した後に霧（蒸気または温水）を発生させ，さらに 1 時間印加する試験を行います．これを 4 回繰り返してもフラッシオーバが生じなければその試験は合格とします．等価霧中法では，塩汚損用の汚損液をがいしに塗布して 30 秒から 3 分経過した後に，電圧を上昇法で印加してフラッシオーバ電圧を 10 回測定します．測定結果から 50% および 5% フラッシオーバ電圧を計算で求めます．

定電圧印加法（定印法）

定電圧印加法（**定印法**）は最初に試験電圧と比較して十分低い電圧を印加して，できる限り早く電圧を試験電圧まで上昇させた後，所定の時間連続印加し，時間が経過した後はできるだけすみやかに電圧を降下させる方法です．

電圧上昇法（上昇法）

電圧上昇法（**上昇法**）は破壊放電電圧の予想値よりも十分に低い電圧から，所定の上昇率で電圧を上げていき，破壊放電させる試験方法です．

突然印加法（突印法）

突然印加法（**突印法**）は所定の試験電圧値を突然印加して所定の時間連続印加し，時間が経過した後はできるだけすみやかに電圧を降下させる方法です．

印加電圧の測定には，9.2.1 項に示した計器用変圧器，コンデンサ分圧器および標準球ギャップを用います．交流電圧の絶縁耐力試験には，交流耐電圧試験，注水交流耐電圧試験，交流破壊放電電圧試験，人工汚損交流電圧試験などが規定されています．

13章の演習問題

□ **13.1** 50 kV クラスの直流破壊試験を行いたい．電圧の測定は図 9.8 の右側の回路を用いる．$R_1 = 500\ \mathrm{M}\Omega$ とするとき，必要となる電流計のレンジを求めよ．

□ **13.2** 補間法を用いて 50% スパークオーバ試験を実施した．まず印加電圧を $V_m =$ 301 kV としたときのスパークオーバ率は 74.1% であった．つぎに印加電圧を $V_n =$ 297 kV としたときのスパークオーバ率は 23.3% であった．このときの 50% スパークオーバ電圧の大きさを求めよ．

□ **13.3** 電気絶縁材料に関する記述として，誤っているものをつぎの (1)〜(5) のうちから 1 つ選べ．

(1) ガス遮断器などに使用されている SF_6 ガスは，同じ圧力の空気と比較して絶縁耐力や消弧能力が高く，反応性が非常に小さく安定した不燃性のガスである．しかし，SF_6 ガスは，大気中に排出されると，オゾン層破壊への影響が大きいガスである．

(2) 変圧器の絶縁油には，主に鉱油系絶縁油が使用されており，変圧器内部を絶縁する役割のほかに，変圧器内部で発生する熱を対流などによって放散冷却する役割がある．

(3) CV ケーブルの絶縁体に使用される架橋ポリエチレンは，ポリエチレンの優れた絶縁特性に加えて，ポリエチレンの分子構造を架橋反応により立体網目状分子構造とすることによって，耐熱変形性を大幅に改善した絶縁材料である．

(4) がいしに使用される絶縁材料には，一般に，磁器，ガラス，ポリマの 3 種類がある．わが国では磁器がいしが主流であるが，最近では，軽量性や耐衝撃性などの観点から，ポリマがいしの利用が進んでいる．

(5) 絶縁材料における絶縁劣化では，熱的要因，電気的要因，機械的要因のほかに，化学薬品，放射線，紫外線，水分などが要因となりうる．

（電験三種）

第14章

絶縁特性試験

供試物に対して吸湿状態，部分放電の発生の有無やその状況ならびに絶縁の劣化状態などの絶縁特性を確認するために実施する試験が**絶縁特性試験**です．絶縁特性試験は絶縁に影響を及ぼさない範囲の電圧を供試物に印加して行う試験で，直流を用いた絶縁抵抗試験，交流を用いた部分放電試験や誘電正接試験などがあります．

14.1 直流試験

14.1.1 絶縁抵抗試験

絶縁抵抗試験は供試物に 1000 V から 2000 V 程度の直流電圧を印加して，そこに流れる電流から絶縁抵抗を求める試験です．**絶縁抵抗計**（メガー）と呼ばれる機器を用いて絶縁抵抗を測る方法が簡易的に用いられます．JEC 規格では絶縁抵抗を測定する方法として，電圧電流計法と比較法を規定しています．電圧電流計法は図 14.1 に示すように電極間に試料を挟み，電圧計および電流計を用いて抵抗を測定する方法です．

電極は 4.2.4 項で述べたように主電極のほかに対電極および測定の品質を向

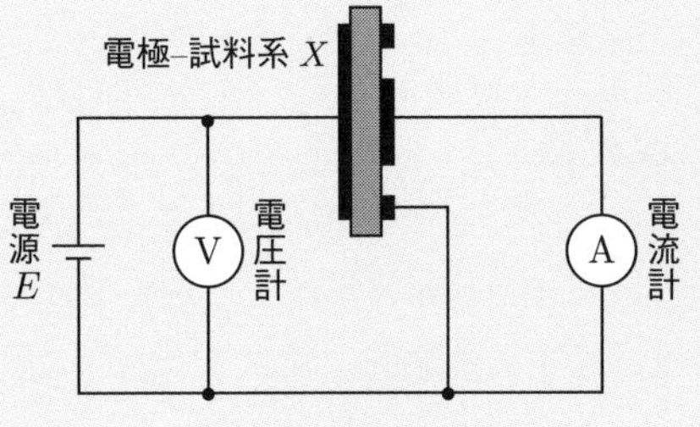

図 14.1　電圧電流計法

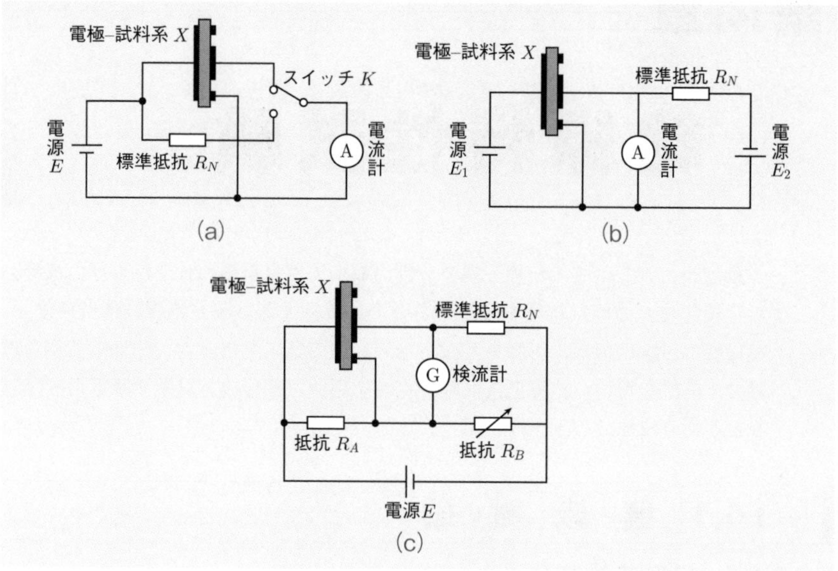

図 14.2　比較法

上させるためのガード電極を設けた構成で成り立っています．主電極と対電極は試料を挟んで相対させ，主電極の周りをガード電極で囲んでいます．

比較法は，試料の絶縁抵抗を既知の標準抵抗と比較して求める方法で**図 14.2**に示すような 3 種類の回路があります．(a) は 1 台の電源を用いて同一の電圧を供試物と標準抵抗にそれぞれ印加したときの電流を測定して，その比から抵抗値を求める方法です．(b) の回路は 2 台の電源を用いる方法で，電流計を流れる電流が 0 になるときの電圧と標準抵抗の値から抵抗を求める方法です．(c) の回路はいわゆるホイートストンブリッジによって抵抗を求める方法です．

14.1.2　直流吸収試験

直流吸収試験は絶縁体の吸湿具合や汚損具合を評価する試験です．4.2.4 項で述べたように，通常は固体絶縁物に電圧を印加すると充電電流や吸収電流が流れます．これらの電流は指数関数的に減少していき，最後には漏れ電流という一定値で安定します．この減少率は吸湿しているほど小さく，一定値になるまで数分から数十分と長い時間がかかることとなり，絶縁抵抗を求めるために

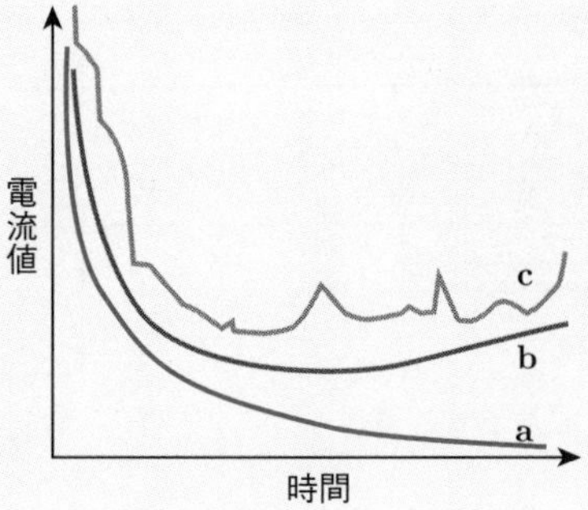

図 14.3　直流吸収試験

は電圧印加後に十分長い時間をとる必要があります．そこで直流吸湿試験は電圧印加後 1 分および 10 分後の電流を測定して，式 (14.1) で示される**成極指数**（P.I., Polarization Index）を算出して絶縁診断を行います．

$$\text{P.I.} = \frac{\text{電圧印加後 1 分の電流}}{\text{電圧印加後 10 分の電流}} \tag{14.1}$$

図 14.3 において，曲線 a は正常な漏れ電流の測定曲線で，P.I. 値は 1.5 より大きな値をとり絶縁性能は良好と判断できます．曲線 b は時間とともに漏れ電流が増加しており，P.I. 値は 1.5 以下の値をとります．このときの絶縁性能には注意が必要となります．曲線 c も同様に漏れ電流が時間とともに安定しておらず上昇傾向にあり，絶縁性能には注意が必要です．

14.2　交　流　試　験

14.2.1　部分放電試験

絶縁体の中にボイドがある場合には，絶縁耐力が低く不正放電が起こる場合があります．このような導体間の絶縁を部分的に橋絡するような放電のことを**部分放電**（partial discharge）と呼びます．部分放電を表現する方法には，電荷量（pC）や発生頻度を用います．また部分放電のうち，導体周囲の気体中で発生する部分放電を特にコロナ放電と呼んで区別しています．いま，図 14.4 のようにボイドを持つ絶縁体を電極で挟み，両端に電圧 V を印加したときを考えます．ボイドのキャパシタンスを C_{g}，それと直列な部分のキャパシタンスを

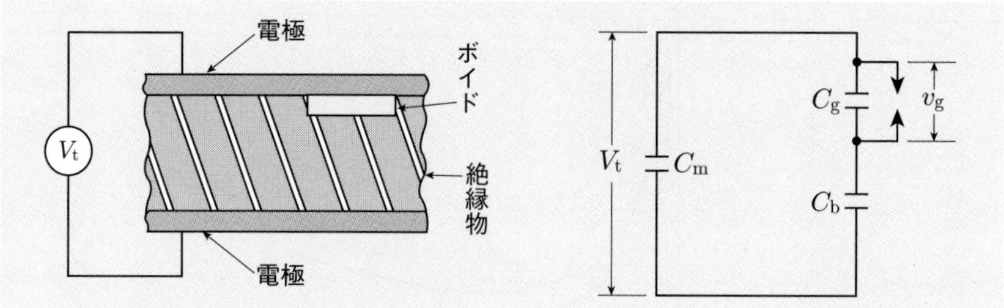

(a) 絶縁物中にボイドがある場合　(b) 電極系の電気的等価回路

図 14.4 部分放電の等価回路

C_b，ボイドがない部分のキャパシタンスを C_m とするとき，全体のキャパシタンス C_a は，

$$C_a = C_m + \frac{C_g C_b}{C_g + C_b} \tag{14.2}$$

で表されます．また，C_g 端から見た合成キャパシタンスを C_{gr} とするとき，

$$C_{gr} \fallingdotseq C_g + \frac{C_m C_b}{C_m + C_b} \tag{14.3}$$

さらに，ボイド部にかかる電圧 v_g は，

$$v_g = \frac{C_b}{C_g + C_b} V_t \tag{14.4}$$

となります．ここで電圧 V が上昇して C_g の火花電圧に達した際には，ボイド部分で破壊放電が起こり，V_g は残留電圧 V_p まで急激に低下します．電圧の低下によって放電も終了しますが，再びボイドの電圧は上昇し，C_g の火花電圧に達した際に再び放電が発生します．この過程を繰り返して，**図 14.5** に示すような部分放電が発生します．

いま，このパルスによる放電電荷量を $Q(t)$ とすると，ボイド部にかかる電圧 $v_g(t)$ は，C_g の火花電圧を v_p とすると，

$$v_g(t) = v_p - \frac{1}{C_{gr}} Q(t) \tag{14.5}$$

で表すことができます．さらにここから

$$Q(t) = C_{gr}\bigl(v_p - v_g(t)\bigr) \tag{14.6}$$

が得られます．ここで $v_g(\infty) = v_p$ であり，この値はほとんどの場合 0 になり

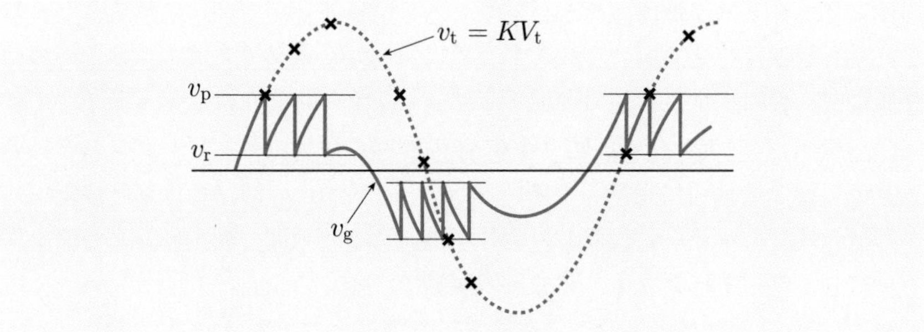

図 14.5　1 つのボイドが生じさせる部分放電
（出典：**JEC-0401**「部分放電測定」（**1990**））

ます．またボイドは絶縁体の厚さと比較して極めて小さいため $C_g \gg C_b$ となることから，放電電荷 $q_r = Q(\infty)$ は，

$$q_r = C_{gr}(v_p - v_r) = C_g \cdot v_p \tag{14.7}$$

となります．さらにこの放電によって電極間の電圧が変化しますが，この電圧変化を ΔV とするとき，図 14.4 から，

$$\Delta V = \frac{C_b}{C_m + C_b}(v_p - v_r) \tag{14.8}$$

となります．また，式 (14.3)，式 (14.7) より

$$q_r = \left(C_g + \frac{C_m C_b}{C_m + C_b}\right)(v_p - v_r) \tag{14.9}$$

となるので，これを式 (14.8) へ代入すると，

$$\Delta V = \frac{C_b q_r}{C_g C_m + C_g C_b + C_b C_m} \tag{14.10}$$

が得られ，ここで電荷量 q を

$$q = \frac{C_b}{C_g + C_b} \cdot q_r \tag{14.11}$$

と定義すると，

$$\Delta V = \frac{(C_g + C_b)q}{C_g C_m + C_g C_b + C_b C_m} = \frac{q}{C_a} \tag{14.12}$$

となります．この q は見かけの放電電荷量と呼ばれ，ΔV と C_a の測定から求めることができます．C_a は供試物，Z_d は検出インピーダンスを示します．検

出インピーダンスは抵抗，キャパシタンスまたはインダクタンス単体もしくはそれらを組み合わせて用いられます．Z は電源からのノイズ流入や電源への部分放電流入を防止する目的で接続するインピーダンスまたはフィルタです．

C_{k} は結合コンデンサで，図 14.4(a) の回路では検出インピーダンスを結合コンデンサと接地間に接続して測定を行い，また(b) の回路では部分放電パルスが結合コンデンサを流れる際の信号を供試物と接地間に検出インピーダンスを接続して測定を行います．部分放電試験で評価する項目は，

(1) 部分放電開始電圧および消滅電圧を測定する試験

(2) 印加電圧と印加時間に対する部分放電電圧の大きさを測定する試験

および

(3) 部分放電が発生しないことを確認する試験

などがあります．

14.2.2 誘電正接試験

電気機器は電極間を絶縁物で絶縁しているため，一種のコンデンサと見なすことができます．コンデンサに交流電圧を印加した場合，$\frac{\pi}{2}$ [rad] 位相が進んだ電流が流れます．したがって電気機器に交流電圧を印加した場合には，図 14.6 に示すように $\frac{\pi}{2}$ [rad] 位相が進んだ充電電流 I_C と，絶縁体中を流れる電圧と同相の電流 I_R が流れます．

これは絶縁体中で電力が消費されることであり，全電流 I と I_C の位相角を Δ とすると，損失の大きさ W は，

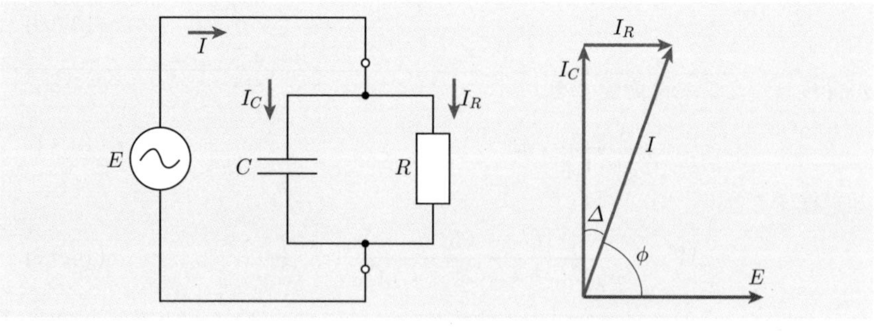

図 14.6 コンデンサの電圧と電流の位相

$$W = E \cdot I \cos\phi = E \cdot I \tan\Delta$$
$$= E \cdot 2\pi f C E \tan\Delta \qquad (14.13)$$

で表されます．ここで $\tan\Delta$ を**誘電正接**（単純にタンジェントデルタまたはタンデルタと呼ぶこともあります）といいます．誘電正接は絶縁体の電気的な性質を示す量で，絶縁体の形状や大きさには無関係です．**誘電正接試験**ではこの値を測定することにより絶縁の状態（劣化）を知ることができるため，広く用いられています．

誘電正接の値は，**図 14.7** に示すような回路のシェーリングブリッジを用いて測定されます．

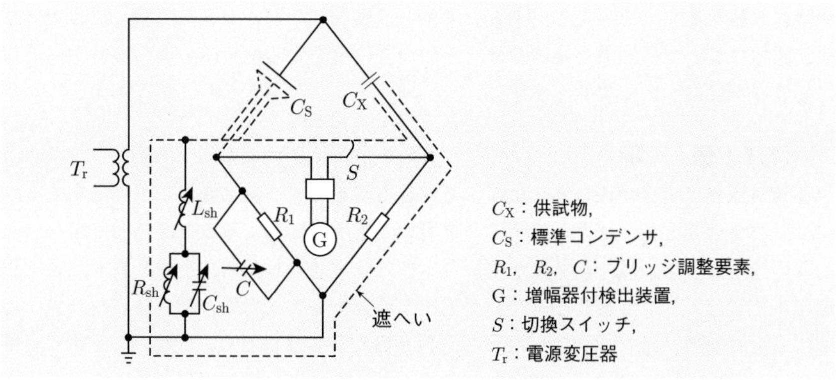

図 14.7　シェーリングブリッジ

付　録

A.1　電子工作の準備

本書では，一部の節で簡単な実験を行って高電圧の現象を体験してもらうことを提案しています．しかしながらいうまでもなく，高電圧現象は間違いを起こすと生命の危険に直結します．そのため，十分な準備と慎重な取り扱いが必要です．ここではまず，感電についての知識を身につけ，そのつぎに身を守るために必要な機材や，工作に必要な部品について説明します．

A.1.1　感　電

感電は人体に電流が流れることにより起きる現象です．乾電池の電圧確認をする際には，バッテリーチェッカーやテスタを用いて電圧を確認することが普通です．しかし昔の技術者の中には，テスタがないときに，乾電池の負極側に小指を当て，舌を正極に当てて，ピリッと感じる度合いで電圧を確認するような職人がいました．職人の中には交流 200 V までは素手で触って通電を確認する強者さえいたといいます．いまでは安全衛生的に絶対に行ってはなりませんが，これらの行為は意図的に感電を起こしているといえます．しかしながら一歩間違えば苦痛を伴うショック症状だけではなく，筋肉が硬直し身体の自由が奪われ，心室細動を生じて死に至ることもあります．

このように身体に対して種々の症状を呈する現象が感電であり，感電した場合の危険性は，つぎの因子によって定まります．

(1)　通電電流の大きさ

(2)　通電経路

(3)　電源の種類

(4)　通電時間と電撃印加位相（心臓脈動周期のどの位相で通電したか）

(5)　周波数および波形

よく「○○ボルトの高圧線に触れ」などと報道されるため，高い電圧であるほど危険であると思いがちですが，危険性は電圧値でなく，電流の大きさが影響を与えます．通電電流が大きく，人体の重要な部分を流れ，しかも長時間流れるほど危険になります．

人体が持つ内部抵抗は約 1 kΩ 程度です．筋肉質の人は 500 Ω 前後と抵抗が低く，脂肪分を蓄えている人は抵抗が高い傾向があります．いずれにしても皮膚抵抗は 1000 V 以上の電圧では絶縁破壊を起こすおそれがあるため内部抵抗に関わらず危険です．低電圧による感電災害は，人体の一部が直接接触することによって生ずるもので，一般に大きい火傷は伴いません．そのため絶縁性の高い手袋や履物を着用することはたいへん有効です．

しかし高電圧になると架電部に触れなくても接近することによって絶縁破壊を起こしてフラッシオーバが生ずることがあります．この放電は高温のアーク放電となるため，気化した金属が皮膚に浸潤して電気火傷を伴うことがあります．さらに架電中の電力設備が生ずる電界によって人体に電荷が蓄積して，指先などが接地物に触れた際に蓄積した電荷が放出され電撃を受けることがあります．

人体を通る電流の大きさによって与える生理的影響は，一般的にはつぎのように知られています．

最小感知電流　人体へ通電されているという感覚を受ける電流．約 2 mA 以下の値で，危険性はない．

可随電流（離脱電流）　通電電流が増加し，通電経路の筋肉のけいれんが激しくなり神経が麻痺するほどの電流．約 5 mA．

不随電流（履着電流）　運動の自由を失うほどの電流．約 10～20 mA．運動の自由がきかなくなると電源から離脱不能になる．そのため長時間通電されることになり危険である．

心室細動電流　人体を通る電流がさらに増加し心臓に流れる電流が約 100 mA を超えてくると，心臓がけいれんを起こし正常な脈動が打てず心室細動を起こす．この状態は極めて危険で死亡する確率が高い．

A.1.2 必　要　機　材

保　護　具

高電圧を扱う実験を行うためには，まず感電から身を守るための保護具を準備することが不可欠です．労働安全衛生法に付随する労働安全衛生規則では第二編第五章に感電を防ぐための規定がなされているので，これに準拠した保護具の準備を進めてください．まずは電気用の作業着，電気安全帽，電気用ゴム手袋，絶縁用ゴム靴および電気用ゴム袖などを準備することから始めましょう．

図 A.1 は本格的な電設作業員の着用する保護具（左）と，工業高校生が実習で着用する保護具（右）です．

また，これらの保護具は発生電圧が AC 300 V から AC 600 V 以下の場合には

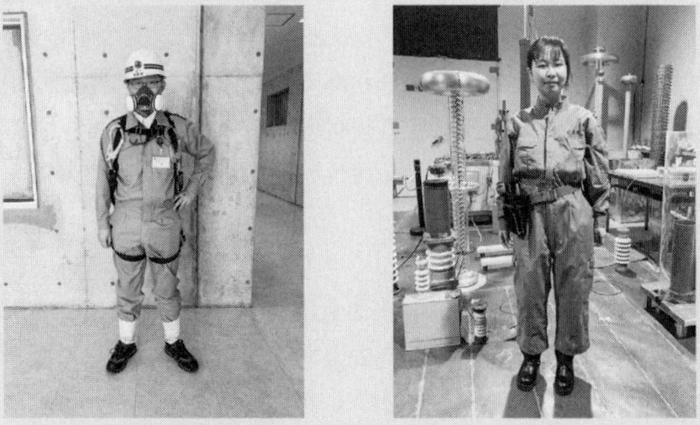

（左）協力：JFE テクノス

図 A.1　保護具

3000 V で 1 分間の耐電圧試験に合格したものを，AC 600 V から AC 3500 V 以下またはDC 750 V から DC 3500 V 以下の場合には 12000 V で 1 分間の耐電圧試験に合格したものを，そして 3500 V から 7000 V 以下の場合には 20000 V で 1 分間の耐電圧試験に合格したものを使用しなければなりません．

さらに実験回路は，ファラデーケージと呼ばれる金属網で囲い，接地されたケージの中で実施する必要があります．高電圧を印加する際には，操作者はケージの外で操作が行えるように実験回路を工夫する必要があります．

高電圧を印加する実験は，絶対に 1 人で行ってはならず，複数人で行わなければなりません．また不注意による事故を防ぐために高電圧工学に精通した監督者を必ずおいて実験を行ってください．

接　地

接地は感電事故を防止する上で重要な装置です．何らかの事象により高圧線側の電圧が低圧線側に現れた場合，接地が行われていない場合には感電の危険性がはらんでいるといっても過言ではありません．通常は低圧線の 1 線に接地を行って感電の危険性を抑えていますが，接地にはそれぞれの用途や接地抵抗の制限によって A 種から D 種まで分類されています．冒頭のケースでは，高電圧がリークした際に感電しないように D 種設置を確実に行うことが必要になります．

ブレッドボード

電子工作を行う際に便利な部品がブレッドボードです．ブレッドボードは試作用基板とも呼ばれ，回路や回路定数の変更を多く行う必要がある試作や評価時に多く用いられている電子部品です．

ユニバーサル基板もブレッドボードの一部ですが，はんだ付けを必要とするため，はんだ付けを繰り返していくうちにランドがはがれて，いざ実験をするときにはコロナ放電の原因となる場合があります．そのためここではんだ付けすることなくワイヤや電子部品の端子を単に差し込むだけで電子回路を構築することができるブレッドボードを準備しましょう．

ブレッドボードの一例を**図 A.2** に示します．ブレッドボードは，電子部品をボード上の穴に差し込むだけでよく，上下方向が電気的につながっているため，別の部品を接続することも，取り外すことも簡単に行えます．

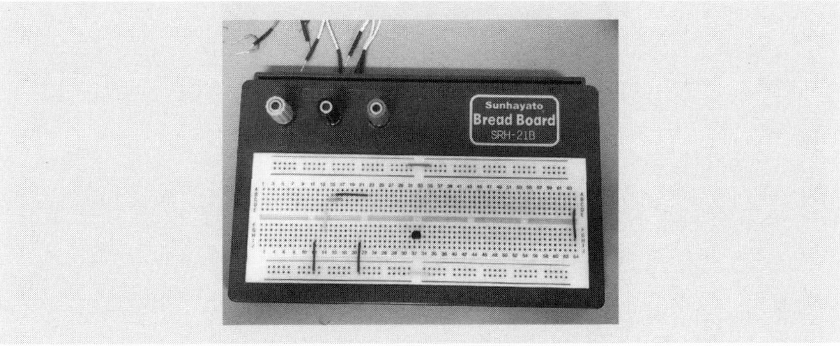

図 A.2　ブレッドボード

電　　源

電源回路は高性能な製品になるほど価格が際限なく高価になってしまいます．そのため，まずは 100 円ショップで買える USB 充電器がよいでしょう．その後，実験用の直流安定化電源をそろえましょう．USB，LAN 等のインタフェースを介してコントロールができる機種であればさらに実験の幅が広がります．高電圧が発生可能な電源を購入する必要はありません．7.2.3 項で高電圧を発生する装置を製作するため，必要な場合はその回路を参照してください．

測 定 器

測定器は重要な機器の 1 つです．最初はアナログでもディジタルでも構わないのでテスタを 1 台そろえてください．9 章で分圧器について学習するため高電圧領域まで測定できるテスタは不要です．もし可能であればディジタルマルチメータ（DMM）の購入も検討してください．電源の場合と同様，USB，LAN 等のインタフェースを介してコントロールができる機種であればさらに実験の幅が広がります．さらに波形を測定するために，オシロスコープもあったほうがよいと思われます．オシロスコープは，いろいろな種類がありますが，分解能が 8 ビットで 100 V の交流波形が測定できれば最も安価なもので構いません．**図 A.3** は汎用オシロスコープの例です．

図 A.3 汎用オシロスコープ

電 子 部 品

電子部品は，近くにパーツショップがある場合にはそこで調達してください．最近では秋月電子，マルツオンライン，共立エレショップ，RS コンポーネンツなどインターネットで安価に購入することができるので，必要な電子部品はそれらの EC サイトから購入するとよいでしょう．

A.2　物理定数間の関係

電気素量 $\boldsymbol{e}$	$1.602176634 \times 10^{-19}$ C
電子の質量 $\boldsymbol{m_{\mathrm{e}}}$	$9.1093837015(28) \times 10^{-31}$ kg
陽子の質量 $\boldsymbol{m_{\mathrm{p}}}$	$1.67262192369(51) \times 10^{-27}$ kg
中性子の質量 $\boldsymbol{m_{\mathrm{n}}}$	$1.67492749804(95) \times 10^{-27}$ kg
アボガドロ定数 $\boldsymbol{N_{\mathrm{A}}}$	6.0224076×10^{23} mol^{-1}
ボルツマン定数 $\boldsymbol{k_{\mathrm{B}}}$	1.380649×10^{-23} J/K
プランク定数 $\boldsymbol{h}$	$6.62607015 \times 10^{-34}$ J·s
電子ボルト **eV**	$1.602176634 \times 10^{-19}$ J
真空中の光速 $\boldsymbol{c}$	2.99792458×10^{8} m/s
気体定数 $\boldsymbol{R}$	$8.314462618 \cdots$ J/mol·K
重力加速度 $\boldsymbol{g}$	9.80665 m/s^2
真空の透磁率 $\boldsymbol{\mu_0}$	$1.25663706212(19) \times 10^{-6}$ N/A^2
真空の誘電率 $\boldsymbol{\varepsilon_0}$	$8.8541878128(13) \times 10^{-12}$ F/m
ジョセフソン定数 $\boldsymbol{R_k}$	$483597.8484 \cdots \times 10^{9}$ Hz/V
1 atm（気圧）$\boldsymbol{P_0}$	= 101325 Pa = 760 Torr = 14.6959 psi
1 J（エネルギー）	= 1 W·s $\fallingdotseq 6.242 \times 10^{18}$ eV $\fallingdotseq 1.020 \times 10^{-1}$ kgf·m $\fallingdotseq 2.778 \times 10^{-7}$ kW·h

A.3 金属の特性

表 A.1　金属の抵抗率・温度特性例

材質		抵抗率（$\times 10^{-8}\,\Omega\cdot\mathrm{m}$）	導電率（S/m）	抵抗温度係数（$\times 10^{-3}$/°C）
銅		1.6〜2.3	43.5〜62.5	3.93
アルミニウム	T_0	3.6〜3.8	26.3〜27.8	3.90
	T_3	4.1〜4.6	21.7〜24.4	
	T_6	5.4〜6.2	16.1〜18.5	
鉄		10	10	6.25
ニクロム		109	0.92	0.10
マンガニン		43〜48	2.08〜2.33	0.01
カーマロイ		133	0.75	10〜20
金		2.35	42.6	4.0
銀		1.59	62.9	4.1
真鍮		4〜7	14.3〜25.0	2.0
錫		10.9	9.17	4.2

A.4 インパルス波形の定数

インパルス波形は一般に式 (8.7) で表されます．

$$e = E_0\{\exp(-\alpha t) - \exp(-\beta t)\}$$

ここで，主なインパルス波形に対する α および β の値と，最大値を 1 にするための係数 E_0 の値について一覧にします．

表 A.2　インパルス波形の係数例

波形	α	β	E_0
1.2/50	14659.21096624996	2469198.527927665	1.037248905563676
0.84/40	18205.342210244125	3559853.8207429377	1.032772043230886
0.84/60	11952.64883271419	3634421.085419657	1.022406052614694
1.56/40	18923.57263506512	1819667.547668239	1.060178076314555
1.56/60	12268.707491384179	1887718.713160595	1.0402542107757082
250/2500	316.955650829554	16004.37868154064	1.11377204558607
200/1500	557.5248341196768	17903.84286471172	1.153891390254604
200/4000	184.381759273964	24665.053179783	1.0457393803894
300/1500	633.6630726574474	9742.928543350068	1.354107556009422
300/4000	190.8786781954001	14662.1723996813	1.072902433336464

索　引

あ 行

か 行

さ 行

た　行

な 行

は 行

ま 行

や 行

ら 行

英数字

著 者 略 歴

脇《わき》 本《もと》 隆《たか》 之《ゆき》

1989 年　佐賀大学理工学研究科電気工学専攻 修了
2007 年　博士（工学），東京大学
2010 年　電気学会 優秀論文賞
2020 年　日本電機工業会 優秀賞
2023 年　電気学会 進歩賞
現　在　千葉工業大学工学部電気電子工学科 教授

主 要 著 書

エネルギー工学（電気書院）
よくわかる高電圧工学（電気書院）

電気・電子工学テキストライブラリ＝ **B7**

高電圧工学概論
—基礎から実践まで—

2023 年 7 月 10 日 ©　　初 版 発 行

著 者 脇 本 隆 之　　発行者 矢 沢 和 俊
　　　　　　　　　　印刷者 大 道 成 則

【発行】　株式会社 **数 理 工 学 社**

〒151-0051 東京都渋谷区千駄ヶ谷 1 丁目 3 番 25 号
編集 ☎ (03)5474–8661（代）　サイエンスビル

【発売】　株式会社 **サ イ エ ン ス 社**

〒151-0051 東京都渋谷区千駄ヶ谷 1 丁目 3 番 25 号
営業 ☎ (03)5474–8500（代）振替 00170–7–2387
FAX ☎ (03)5474–8900

印刷・製本　(株)太洋社

《検印省略》

ISBN978–4–86481–100–2

PRINTED IN JAPAN

サイエンス社・数理工学社の
ホームページのご案内
https://www.saiensu.co.jp
ご意見・ご要望は
suuri@saiensu.co.jp　まで．